高等职业教育"十三五"规划教材

建设工程计价与应用

主　编　夏清东

U0347368

北京理工大学出版社
BEIJING INSTITUTE OF TECHNOLOGY PRESS

内 容 提 要

本书根据高职高专院校教育教学的特点，结合工程造价和工程经济管理等相关专业的特点进行编写。全书共分为7章，主要内容包括概论、工程造价构成、决策阶段计价、设计阶段计价、施工阶段计价、竣工阶段计价、自测试卷等。

本书可作为高职高专院校工程造价或工程经济管理等相关专业的教材，也可作为工程规划、咨询、设计、施工、管理等单位相关专业技术人员的参考书。对于准备报考一、二级造价工程师者，本书也具有较好的参考价值。

图书在版编目（CIP）数据

建设工程计价与应用 / 夏清东主编.—北京：北京理工大学出版社，2019.3（2019.4重印）
ISBN 978-7-5682-6629-1

Ⅰ.①建…　Ⅱ.①夏…　Ⅲ.①建筑工程—工程造价—高等学校—教材　Ⅳ.①TU723.32

中国版本图书馆CIP数据核字（2019）第008009号

出版发行 / 北京理工大学出版社有限责任公司
社　　址 / 北京市海淀区中关村南大街5号
邮　　编 / 100081
电　　话 / （010）68914775（总编室）
　　　　　（010）82562903（教材售后服务热线）
　　　　　（010）68948351（其他图书服务热线）
网　　址 / http://www.bitpress.com.cn
经　　销 / 全国各地新华书店
印　　刷 / 河北鸿祥信彩印刷有限公司
开　　本 / 787毫米×1092毫米　1/16
印　　张 / 11.5　　　　　　　　　　　　　　　　　责任编辑 / 江　立
字　　数 / 271千字　　　　　　　　　　　　　　　文案编辑 / 江　立
版　　次 / 2019年3月第1版　2019年4月第2次印刷　责任校对 / 周瑞红
定　　价 / 39.00元　　　　　　　　　　　　　　　责任印制 / 边心超

前　言

　　本书的编写注重内容精练、突出重点，强调对知识综合运用能力的培养。为便于读者理解，本书对建设工程计价的基本知识进行了精炼，力求言简意赅，通过具体案例讲清相关概念、通过综合应用示例串联章节知识点、通过自测试卷检验学习效果，为教师教学、学生自学提供方便。在第1至第6章，本书设计了贯穿该章知识点的综合应用示例；在第7章，本书参照我国现行注册造价工程师执业资格考试设计了5套综合自测试卷，以供学习者检测知识掌握的程度。

　　本书还将工程建设领域新近出台的造价工程师执业资格制度、建筑安装工程费用项目组成、营改增、工程建设项目施工招标投标办法、竣工决算文件的组成等政策法规融入到各章，以便学习者了解相应的政策导向。

　　使用本书作为"工程造价管理""工程造价控制"或"建设工程计价"等课程的教材时，建议总课时为48～60学时，各章控制学时建议如下：

　　第1章　概论：6～8学时；

　　第2章　工程造价构成：8～10学时；

　　第3章　决策阶段计价：10～12学时；

　　第4章　设计阶段计价：8～10学时；

　　第5章　施工阶段计价：10～12学时；

　　第6章　竣工阶段计价：6～8学时。

　　本书根据编者多年的教学与实践经验，在吸收我国近年工程造价领域的新政策、高职高专学生培养的新要求和同行新成果的基础上编制而成。在编写过程中编者参考了众多的教材、著作与注册造价工程师培训资料，在此向其作者表示衷心的感谢。

　　限于编者学识及专业水平和实践经验，书中难免会有许多疏漏或不当之处，敬请使用者批评指正。

编　者

目 录

第1章

概 论

本章主要内容

1. 工程造价的由来：工程与造价、工程计价的演变、工程造价的组成；
2. 工程造价企业：工程造价企业的概念、政府对工程造价企业的管理；
3. 造价工程师：造价工程师考试制度、造价工程师注册制度、造价工程师执业制度；
4. 综合应用示例。

1.1 工程造价的由来

1.1.1 工程与造价

1. 工程

工程是以设想的目标为依据，应用有关的科学知识和技术手段，通过一群人的有组织活动将某个(或某些)现有实体(自然的或人造的)转化为具有预期使用价值的人造产品的过程。

【例 1-1】 常见的工程有水利工程、建筑工程、电子工程、机电工程、路桥工程等，本教材中的工程造价控制主要是围绕建筑工程而展开的。

2. 建设工程

建设工程是指投资建设领域中的工程项目，即为某种特定目的而进行投资建设并含有一定建筑或建筑安装工程的项目。

【例 1-2】 建设工程项目有多种表现形式，如建设一栋住宅楼→单体民用项目；建设一个生产车间→单体工业项目；建设一定规模的住宅小区→群体民用项目；建设有桥梁的高速公路→路桥项目；建设一定规模的城市公园→群体公共项目。

由例 1-2 可见，建设工程项目可以指单体项目，也可以指群体项目；可以是民用项目，也可以是工业项目、公共项目、路桥项目等。

3. 工程造价

工程造价是指进行某工程项目建设时所花费的全部费用。

从投资者的角度看，工程造价是指建设一项工程项目预期或实际开支的全部费用。投资者为了建设一项工程项目以获得预期效益，就要对拟投资的项目进行策划、决策、实施直至竣工验收等一系列活动，在整个活动中所支付的全部费用就构成了工程造价。

【例 1-3】 某房地产开发商开发一个楼盘，从楼盘的策划到楼盘建成使用的全部过程中所投入的资金，就构成了该房地产开发商在建设这个楼盘上的工程造价。

1.1.2 工程计价的演变

在工程项目建设中，工程造价有两重含义：一是指预期开支的全部费用；二是指实际开支的全部费用。两者之间有本质性的区别。通过下面的例 1-4，可仔细观察并分析工程造价计算的演变过程。

【例 1-4】 某跨国集团为进入新能源汽车制造领域，有意向在 A 国的 B 地区投资兴建一座年产 500 万台车辆的汽车制造厂，该汽车制造厂含有生产区域、办公区域、员工生活与休闲区域、绿化区域、厂内道路等，是一个独立的工业厂区。针对汽车制造厂这个工程项目的建设，下述事项是集团决策者无法回避且必需弄清楚的：

(1)在决策是否投资建厂时需要估算建设这个厂要花多少钱？集团能否撑得住？

(2)在决定建厂后，当建设的初步方案被设计出来时需要概算多少钱？是否超出了决策时的估算？

(3)在对初步设计方案进行修改完善时，需要测算相应的概算会出现多大幅度的变化？这些变化是否在可接受的范围内？

(4)在最终的设计施工图纸完成后，需要预算花多少钱？是否超出前面的概算？

(5)在进行建设招标投标时，需要决定与施工企业签订的合同价款是多少？是否在预算范围内？

(6)在工厂建设过程中，需要决定如何支付施工企业的工程价款？

(7)在工厂建设完成后，需要决算实际花费了多少钱？

(8)为了保证工厂建成后能正常投产，需要预算生产性流动资金的需求量。

梳理上述问题，可将工程造价计算的演变过程归纳，如图 1-1 所示。

图 1-1　工程造价计算的演变过程

由图 1-1 可见，工程项目从决策到招标投标这段时间并没有实际建设，在该期间所做的投资估算到与施工企业签订的合同价款，都只是工程项目建设的预期开支，即所说的概算、预算工程造价。

到了施工阶段，建设单位需要花钱购买材料与设备，支付给施工企业工程进度款等，这时就是实际开支。待工程项目全部建成并完成了竣工验收，所做的竣工决算就是工程项目建设的全部实际开支，即所说的实际工程造价。

至于为工厂投资所准备的生产性流动资金，则不属于工程造价，因为它是在工厂建成后企业从事生产经营活动需要花费的钱，并没有用于工厂建设。

在工业项目或商业项目建设中，流动资金是项目建成后必须要用的钱。若没有这笔资金，项目即使建成也无法投入使用，因此在项目建设前就需要考虑。

由图 1-1 可知，建设工程项目的造价计算，实际上是经历了估算、概算、预算、结算、决算这样一个过程，这个过程被称为建设工程计价。本书将围绕建设工程计价的过程，来分析投资估算、设计概预算、施工结算、竣工决算的基本原理与应用方法。

1.1.3 工程造价的组成

由例 1-4 可知，在工程项目建设的不同阶段，可以有估算、概算、预算……，但无论是估算还是预算，仅说明了建设一个工程项目需要花费的总资金。假如估算建设一座汽车制造厂需要投资的总量为 20 亿人民币，那么这 20 亿人民币都花到哪里去了呢？这就引出工程造价的组成。

工程造价从大的方面可划分为两大块：一是建设投资；二是建设期利息。

建设投资用在工程项目的实际建设中；建设期利息是用于偿还建设期间投资者因自有资金不足从金融机构贷款需支付给金融机构的利息，贷款利息并没有用在工程项目的实际建设中。

对建设投资进一步划分，又可分为工程费用、工程建设其他费用和预备费用。

（1）工程费用是指工程项目建设期内直接用于工程建造、设备购置及安装的资金，可分为建筑安装工程费和设备及工器具购置费。

（2）工程建设其他费用是指工程项目建设期内发生的与土地使用权取得、整个工程项目建设以及未来生产经营有关的资金（不包括工程费用中已包含的费用）。

（3）预备费用是指工程项目建设期内因各种不可预见因素的变化而预留的可能增加的费用，包括基本预备费和价差预备费。

工程造价的构成如图 1-2所示。

图 1-2　工程造价的构成

1.2 工程造价企业

1.2.1 工程造价企业的概念

工程造价企业是指面向社会接受委托，承担工程项目建设的可行性研究与经济评价，进行工程项目的投资估算、设计概算、工程预算、工程结算、竣工决算、工程招标控制价与投标报价的编制和审核，对工程造价进行监控以及提供有关工程造价信息资料等业务工作的企业，工程造价企业属于咨询类企业。

工程造价企业须依法取得资质，并在其资质等级许可的范围内遵循独立、客观、公正、诚实信用的原则，从事工程造价咨询活动。

我国的工程造价咨询企业可分为甲、乙两个资质等级。

1. 甲级工程造价咨询企业资质标准

(1)已取得乙级工程造价咨询企业资质证书满 3 年；

(2)企业出资人中，注册造价工程师人数不低于出资人总人数的 60%，且其出资额不低于企业认缴出资总额的 60%；

(3)技术负责人已取得造价工程师注册证书，并具有工程或工程经济类高级专业技术职称，且从事工程造价专业工作 15 年以上；

(4)专职专业人员不少于 20 人，其中，具有工程或者工程经济类中级以上专业技术职称的人员不少于 16 人；取得造价工程师注册证书的人员不少于 10 人，其他人员具有从事工程造价专业工作的经历；

(5)企业与专职专业人员签订劳动合同，且专职专业人员符合国家规定的职业年龄(出资人除外)；

(6)专职专业人员人事档案关系由国家认可的人事代理机构代为管理；

(7)企业近 3 年工程造价咨询营业收入累计不低于人民币 500 万元；

(8)具有固定的办公场所，人均办公建筑面积不少于 10 平方米；

(9)技术档案管理制度、质量控制制度、财务管理制度齐全；

(10)企业为本单位专职专业人员办理的社会基本养老保险手续齐全；

(11)在申请核定资质等级之日前 3 年内无违规行为。

2. 乙级工程造价咨询企业资质标准

(1)企业出资人中，注册造价工程师人数不低于出资人总人数的 60%，且其出资额不低于认缴出资总额的 60%；

(2)技术负责人已取得造价工程师注册证书，并具有工程或工程经济类高级专业技术职称，且从事工程造价专业工作 10 年以上；

(3)专职专业人员不少于 12 人，其中，具有工程或者工程经济类中级以上专业技术职称的人员不少于 8 人；取得造价工程师注册证书的人员不少于 6 人，其他人员具有从事工程造价专业工作的经历；

(4)企业与专职专业人员签订劳动合同，且专职专业人员符合国家规定的职业年龄(出资人除外）；

（5）专职专业人员人事档案关系由国家认可的人事代理机构代为管理；

（6）具有固定的办公场所，人均办公建筑面积不少于 10 平方米；

（7）技术档案管理制度、质量控制制度、财务管理制度齐全；

（8）企业为本单位专职专业人员办理的社会基本养老保险手续齐全；

（9）暂定期内工程造价咨询营业收入累计不低于人民币 50 万元；

（10）申请核定资质等级之日前无违规行为。

1.2.2　政府对工程造价企业的管理

1. 资质许可

（1）申请甲级工程造价咨询企业资质的，应当向申请人工商注册所在地省、自治区、直辖市人民政府住房城乡建设主管部门或者国务院有关专业部门的主管部门提出。主管部门应当自受理申请材料之日起 20 日内审查完毕，并将初审意见和全部申请材料报国务院住房城乡建设主管部门。国务院住房城乡建设主管部门应当自受理之日起 20 日内作出决定。

（2）申请乙级工程造价咨询企业资质的，由省、自治区、直辖市人民政府住房城乡建设主管部门审查决定。其中，申请有关专业乙级工程造价咨询企业资质的，由省、自治区、直辖市人民政府住房城乡建设主管部门商同级有关专业部门审查决定。

（3）申请工程造价咨询企业资质，应当提交下列材料并同时在网上申报：

1）《工程造价咨询企业资质等级申请书》；

2）专职专业人员（含技术负责人）的造价工程师注册证书、造价员资格证书、专业技术职称证书和身份证；

3）专职专业人员（含技术负责人）的人事代理合同和企业为其交纳的本年度社会基本养老保险费用的凭证；

4）企业章程、股东出资协议；

5）企业缴纳营业收入的增值税发票或税务部门出具的缴纳工程造价咨询营业收入的增值税完税证明；企业营业收入含其他业务收入的，还需出具工程造价咨询营业收入的财务审计报告；

6）工程造价咨询企业资质证书；

7）企业营业执照；

8）固定办公场所的租赁合同或产权证明；

9）有关企业技术档案管理、质量控制、财务管理等制度的文件；

10）法律、法规规定的其他材料。

新申请工程造价咨询企业资质的，不需要提交前款第 5）、6）项所列材料，资质等级按乙级核定，设暂定期一年。暂定期届满需继续从事工程造价咨询活动的，应在暂定期届满30 日前，向资质许可机关申请换发资质证书。符合乙级资质条件的，由资质许可机关换发资质证书。

（4）工程造价咨询企业资质证书由国务院住房城乡建设主管部门统一印制，分正本和副本。

（5）工程造价咨询企业资质有效期为 3 年。资质有效期届满，需要继续从事工程造价咨询活动的，应当在资质有效期届满30日前向资质许可机关提出资质延续申请。资质有效期延续3年。

（6）工程造价咨询企业的名称、住所、组织形式、法定代表人、技术负责人、注册资本等事项发生变更的，应当自变更确立之日起30日内，到资质许可机关办理资质证书变更手续。

（7）工程造价咨询企业合并的，合并后存续或者新设立的工程造价咨询企业可以承继合并前各方中较高的资质等级，但应当符合相应的资质等级条件。企业分立的，只能由分立后的一方承继原工程造价咨询企业资质。

2. 行业管理

（1）工程造价咨询企业从事工程造价咨询活动不受行政区域限制。甲级企业可以从事各类建设项目的工程造价咨询业务；乙级企业可以从事造价5 000万元人民币以下的各类建设项目的工程造价咨询业务。

（2）工程造价咨询业务范围：

1）建设项目建议书及可行性研究投资估算、项目经济评价报告的编制和审核；

2）建设项目概预算的编制与审核，并配合设计方案比选、优化设计、限额设计等工作进行工程造价分析与控制；

3）建设项目合同价款的确定（包括招标工程工程量清单和招标控制价、投标报价的编制和审核）；合同价款的签订与调整（包括工程变更、工程洽商和索赔费用的计算）及工程款支付，工程结算及竣工结（决）算报告的编制与审核等；

4）工程造价经济纠纷的鉴定和仲裁的咨询；

5）提供工程造价信息服务等。

（3）企业在承接各类建设项目的工程造价咨询业务时，应当与委托人订立书面工程造价咨询合同。

（4）企业从事工程造价咨询业务，应当按照有关规定的要求出具工程造价成果文件。成果文件应当由工程造价咨询企业加盖有企业名称、资质等级及证书编号的执业印章，并由执行咨询业务的注册造价工程师签字、加盖执业印章。

（5）企业跨省、自治区、直辖市承接工程造价咨询业务的，应当自承接业务之日起30日内到建设工程所在地省、自治区、直辖市人民政府建设主管部门备案。

（6）企业不得有下列违规行为：

1）涂改、倒卖、出租、出借资质证书，或者以其他形式非法转让资质证书；

2）超越资质等级业务范围承接工程造价咨询业务；

3）同时接受招标人和投标人或两个以上投标人对同一工程项目的工程造价咨询业务；

4）以给予回扣、恶意压低收费等方式进行不正当竞争；

5）转包承接的工程造价咨询业务；

6）法律、法规禁止的其他行为。

（7）企业未经委托人书面同意，不得对外提供工程造价咨询服务过程中获知的当事人的商业秘密和业务资料。

（8）县级以上地方政府住房城乡建设主管部门、有关专业部门对工程造价咨询业务活动实施监督检查。

(9)监督检查机关有权采取下列措施：

1)要求被检查单位提供企业资质证书、造价工程师注册证书，有关工程造价咨询业务的文档，有关技术档案管理制度、质量控制制度、财务管理制度文件；

2)进入被检查单位进行检查，查阅工程造价咨询成果文件以及工程造价咨询合同等相关资料。

监督检查机关应当将监督检查的处理结果向社会公布。

(10)监督检查机关进行监督检查时，应当有两名以上监督检查人员参加，并出示执法证件，不得妨碍被检查单位的正常经营活动，不得索取或者收受财物、谋取其他利益。

(11)工程造价咨询企业取得资质后，不再符合相应资质条件的，资质许可机关根据利害关系人的请求或者依据职权，可以责令其限期改正；逾期不改的，撤回其资质。

(12)工程造价咨询企业应当向资质许可机关提供真实、准确、完整的工程造价咨询企业信用档案信息。信用档案应当包括工程造价咨询企业的基本情况、业绩、良好行为、不良行为等内容。

3. 法律责任

(1)申请人隐瞒有关情况或者提供虚假材料申请工程造价咨询企业资质的，不予受理或者不予资质许可，并给予警告，申请人在 1 年内不得再次申请工程造价咨询企业资质。

(2)以欺骗、贿赂等不正当手段取得工程造价咨询企业资质的，由县级以上地方人民政府住房城乡建设主管部门或者有关专业部门给予警告，并处以 1 万元以上 3 万元以下的罚款，申请人 3 年内不得再次申请工程造价咨询企业资质。

(3)未取得工程造价咨询企业资质从事工程造价咨询活动或者超越资质等级承接工程造价咨询业务的，出具的工程造价成果文件无效，由县级以上地方人民政府住房城乡建设主管部门或者有关专业部门给予警告，责令限期改正，并处以 1 万元以上 3 万元以下的罚款。

(4)企业不及时办理资质证书变更手续的，由资质许可机关责令限期办理；逾期不办理的，可处以 1 万元以下的罚款。

(5)有下列行为之一的，由县级以上地方人民政府住房城乡建设主管部门或者有关专业部门给予警告，责令限期改正；逾期未改正的，可处以 5 000 元以上 2 万元以下的罚款：

1)新设立分支机构不备案的；

2)跨省、自治区、直辖市承接业务不备案的。

(6)企业有"2.行业管理"中(6)所述的违规行为之一的，由县级以上地方人民政府住房城乡建设主管部门或者有关专业部门给予警告，责令限期改正，并处以 1 万元以上 3 万元以下的罚款。

1.3　造价工程师

国家为了提高固定资产投资效益，维护国家、社会和公共利益，在建设领域设置了造价工程师准入类职业资格，以充分发挥造价工程师在工程建设经济活动中合理确定和有效控制工程造价的作用。

这里所说的造价工程师，是指通过职业资格考试取得中华人民共和国造价工程师职业资格证书，并经注册后从事建设工程造价工作的专业技术人员。

造价工程师可分为一级造价工程师和二级造价工程师。一级造价工程师英文译为Class1 Cost Engineer，二级造价工程师英文译为Class2 Cost Engineer。

国家规定：凡从事工程建设活动的建设、设计、施工，工程造价咨询、工程造价管理等单位和部门必须在计价、评估、审查（核）、控制及管理等岗位配备有造价工程师执业资格的专业技术人员。

1.3.1　造价工程师考试制度

一级造价工程师职业资格考试全国统一大纲、统一命题、统一组织。二级造价工程师职业资格考试全国统一大纲，由各省、自治区、直辖市自主命题并组织实施。

一级和二级造价工程师职业资格考试均设置基础科目和专业科目。

住房和城乡建设部组织拟定一级造价工程师和二级造价工程师职业资格考试基础科目的考试大纲，组织一级造价工程师基础科目命审题工作。

住房和城乡建设部、交通运输部、水利部按照职责分别负责拟定一级造价工程师和二级造价工程师职业资格考试专业科目的考试大纲，组织一级造价工程师专业科目命审题工作。

人力资源社会保障部负责审定一级造价工程师和二级造价工程师职业资格考试科目和考试大纲，负责一级造价工程师职业资格考试考务工作，并会同住房和城乡建设部、交通运输部、水利部对造价工程师职业资格考试工作进行指导、监督、检查。

各省、自治区、直辖市住房城乡建设、交通运输、水利行政主管部门会同人力资源社会保障行政主管部门，按照全国统一的考试大纲和相关规定组织实施二级造价工程师职业资格考试。

人力资源社会保障部会同住房和城乡建设部、交通运输部、水利部确定一级造价工程师职业资格考试合格标准。各省、自治区、直辖市人力资源社会保障行政主管部门会同住房城乡建设、交通运输、水利行政主管部门确定二级造价工程师职业资格考试合格标准。

凡遵守中华人民共和国宪法、法律、法规，具有良好的业务素质和道德品行，具备下列条件之一者，可以申请参加一级造价工程师职业资格考试：

（1）具有工程造价专业大学专科（或高等职业教育）学历，从事工程造价业务工作满5年；具有土木建筑、水利、装备制造、交通运输、电子信息、财经商贸大类大学专科（或高等职业教育）学历，从事工程造价业务工作满6年。

（2）具有通过工程教育专业评估（认证）的工程管理、工程造价专业大学本科学历或学位，从事工程造价业务工作满4年；具有工学、管理学、经济学门类大学本科学历或学位，从事工程造价业务工作满5年。

（3）具有工学、管理学、经济学门类硕士学位或者第二学士学位，从事工程造价业务工作满3年。

（4）具有工学、管理学、经济学门类博士学位，从事工程造价业务工作满1年。

（5）具有其他专业相应学历或者学位的人员，从事工程造价业务工作年限相应增加1年。

凡遵守中华人民共和国宪法、法律、法规，具有良好的业务素质和道德品行，具备下列条件之一者，可以申请参加二级造价工程师职业资格考试：

（1）具有工程造价专业大学专科（或高等职业教育）学历，从事工程造价业务工作满 2 年；具有土木建筑、水利、装备制造、交通运输、电子信息、财经商贸大类大学专科（或高等职业教育）学历，从事工程造价业务工作满 3 年。

（2）具有工程管理、工程造价专业大学本科及以上学历或学位，从事工程造价业务工作满 1 年；具有工学、管理学、经济学门类大学本科及以上学历或学位，从事工程造价业务工作满 2 年。

（3）具有其他专业相应学历或学位的人员，从事工程造价业务工作年限相应增加 1 年。

一级造价工程师职业资格考试合格者，由各省、自治区、直辖市人力资源社会保障行政主管部门颁发中华人民共和国一级造价工程师职业资格证书。该证书由人力资源社会保障部统一印制，住房和城乡建设部、交通运输部、水利部按专业类别分别与人力资源社会保障部用印，在全国范围内有效。

二级造价工程师职业资格考试合格者，由各省、自治区、直辖市人力资源社会保障行政主管部门颁发中华人民共和国二级造价工程师职业资格证书。该证书由各省、自治区、直辖市住房城乡建设、交通运输、水利行政主管部门按专业类别分别与人力资源社会保障行政主管部门用印，原则上在所在行政区域内有效。各地可根据实际情况制定跨区域认可办法。

一级造价工程师职业资格考试设《建设工程造价管理》《建设工程计价》《建设工程技术与计量》《建设工程造价案例分析》4 个科目。其中，《建设工程造价管理》和《建设工程计价》为基础科目，《建设工程技术与计量》和《建设工程造价案例分析》为专业科目。

二级造价工程师职业资格考试设《建设工程造价管理基础知识》《建设工程计量与计价实务》两个科目。其中，《建设工程造价管理基础知识》为基础科目，《建设工程计量与计价实务》为专业科目。

造价工程师职业资格考试专业科目分为土木建筑工程、交通运输工程、水利工程和安装工程 4 个专业类别，考生在报名时可根据实际工作需要选择其一。其中，土木建筑工程、安装工程专业由住房和城乡建设部负责；交通运输工程专业由交通运输部负责；水利工程专业由水利部负责。

一级造价工程师职业资格考试分 4 个半天进行。《建设工程造价管理》《建设工程技术与计量》《建设工程计价》科目的考试时间均为 2.5 小时；《建设工程造价案例分析》科目的考试时间为 4 小时。

二级造价工程师职业资格考试分 2 个半天。《建设工程造价管理基础知识》科目的考试时间为 2.5 小时，《建设工程计量与计价实务》为 3 小时。

一级造价工程师职业资格考试成绩实行 4 年为一个周期的滚动管理办法，在连续的 4 个考试年度内通过全部考试科目，方可取得一级造价工程师职业资格证书。

二级造价工程师职业资格考试成绩实行 2 年为一个周期的滚动管理办法，参加全部 2 个科目考试的人员必须在连续的 2 个考试年度内通过全部科目，方可取得二级造价工程师职业资格证书。

已取得造价工程师一种专业职业资格证书的人员，报名参加其他专业科目考试的，可免考基础科目。考试合格后，核发人力资源社会保障部门统一印制的相应专业考试合格证明。该证明作为注册时增加执业专业类别的依据。

具有以下条件之一的，参加一级造价工程师考试可免考基础科目：

（1）已取得公路工程造价人员资格证书（甲级）；

（2）已取得水运工程造价工程师资格证书；

（3）已取得水利工程造价工程师资格证书。

申请免考部分科目的人员在报名时应提供相应材料。

具有以下条件之一的，参加二级造价工程师考试可免考基础科目：

（1）已取得全国建设工程造价员资格证书；

（2）已取得公路工程造价人员资格证书（乙级）；

（3）具有经专业教育评估（认证）的工程管理、工程造价专业学士学位的大学本科毕业生。

申请免考部分科目的人员在报名时应提供相应材料。

符合造价工程师职业资格考试报名条件的报考人员，按规定携带相关证件和材料到指定地点进行报名资格审查。报名时，各地人力资源社会保障部门会同相关行业主管部门对报名人员的资格条件进行审核。审核合格后，核发准考证。参加考试人员凭准考证和有效证件在指定的日期、时间和地点参加考试。

中央和国务院各部门及所属单位、中央管理企业的人员按属地原则报名参加考试。

考点原则上设在直辖市、自治区首府和省会城市的大、中专院校或者高考定点学校。

一级造价工程师职业资格考试每年一次。二级造价工程师职业资格考试每年不少于一次，具体考试日期由各地确定。

1.3.2　造价工程师注册制度

国家对造价工程师职业资格实行执业注册管理制度。取得造价工程师职业资格证书且从事工程造价相关工作的人员，经注册方可以造价工程师名义执业。

住房和城乡建设部、交通运输部、水利部按照职责分工，制定相应注册造价工程师管理办法并监督执行。

住房和城乡建设部、交通运输部、水利部分别负责一级造价工程师注册及相关工作。各省、自治区、直辖市住房城乡建设、交通运输、水利行政主管部门按专业类别分别负责二级造价工程师注册及相关工作。

经批准注册的申请人，由住房和城乡建设部、交通运输部、水利部核发《中华人民共和国一级造价工程师注册证》（或电子证书）；或由各省、自治区、直辖市住房城乡建设、交通运输、水利行政主管部门核发《中华人民共和国二级造价工程师注册证》（或电子证书）。

造价工程师执业时应持注册证书和执业印章。注册证书、执业印章样式以及注册证书编号规则由住房和城乡建设部会同交通运输部、水利部统一制定。执业印章由注册造价工程师按照统一规定自行制作。

住房和城乡建设部、交通运输部、水利部按照职责分工建立造价工程师注册管理信息平台，保持通用数据标准统一。住房和城乡建设部负责归集全国造价工程师注册信息，促进造价工程师注册、执业和信用信息互通共享。

住房和城乡建设部、交通运输部、水利部负责建立完善造价工程师的注册和退出机制，对以不正当手段取得注册证书等违法违规行为，依照注册管理的有关规定撤销其注册证书。

1.3.3 造价工程师执业制度

造价工程师在工作中，必须遵纪守法，恪守职业道德和从业规范，诚信执业，主动接受有关主管部门的监督检查，加强行业自律。

住房和城乡建设部、交通运输部、水利部共同建立健全造价工程师执业诚信体系，制定相关规章制度或从业标准规范，并指导监督信用评价工作。

造价工程师不得同时受聘于两个或两个以上单位执业，不得允许他人以本人名义执业，严禁"证书挂靠"。出租出借注册证书的，依据相关法律法规进行处罚；构成犯罪的，依法追究刑事责任。

一级造价工程师的执业范围包括建设项目全过程的工程造价管理与咨询等，具体工作内容如下：

（1）项目建议书、可行性研究投资估算与审核，项目评价造价分析；

（2）建设工程设计概算、施工预算编制和审核；

（3）建设工程招标投标文件工程量和造价的编制与审核；

（4）建设工程合同价款、结算价款、竣工决算价款的编制与管理；

（5）建设工程审计、仲裁、诉讼、保险中的造价鉴定，工程造价纠纷调解；

（6）建设工程计价依据、造价指标的编制与管理；

（7）与工程造价管理有关的其他事项。

二级造价工程师主要协助一级造价工程师开展相关工作，可独立开展以下具体工作：

（1）建设工程工料分析、计划、组织与成本管理，施工图预算、设计概算编制；

（2）建设工程量清单、招标控制价、投标报价编制；

（3）建设工程合同价款、结算价款和竣工决算价款的编制。

造价工程师应在本人工程造价咨询成果文件上签章，并承担相应责任。工程造价咨询成果文件应由一级造价工程师审核并加盖执业印章。

对出具虚假工程造价咨询成果文件或者有重大工作过失的造价工程师，不再予以注册，造成损失的依法追究其责任。

取得造价工程师注册证书的人员，应当按照国家专业技术人员继续教育的有关规定接受继续教育，更新专业知识，提高业务水平。

1.4 综合应用示例

背景资料

某集团公司拟投资兴建一座新的综合办公大楼，经董事会充分讨论后，兴建综合办公大楼的意向已确定，但对建设规模、建筑形式等细节还没有确定。该集团公司通过招标投标的方式最终选择了 K 咨询公司来做新办公大楼的可行性研究工作。集团公司筹建办在与

K 咨询公司进行了广泛协商后，双方签订了咨询合同。

K 咨询公司是一家拥有甲级资质的工程咨询公司，有注册造价工程师 25 人，公司曾经承担过多项大型工程项目的咨询工作，有着丰富的经验。在承揽到综合办公大楼的咨询任务时公司正处于年检阶段，工作较紧张。

公司为了保证信誉，也为以后新建的综合办公大楼工程在实施期间承揽到该工程的监理任务做准备，抽调了有经验的和素质好的老、中、青人员 8 人组成了综合办公大楼工程咨询组。张建明和周子群均在这个咨询组。张建明是今年刚毕业的工程管理专业硕士研究生，周子群是去年毕业的工程造价专业高职专科生，能加入这个咨询组，二人感到既兴奋又有压力。兴奋的是参加大工程的实际咨询，对积累经验和以后更好地开展工作肯定会有帮助；有压力的是因为二人均想在明年报考造价工程师，担心因工作紧张会影响复习。好在这个组里面有两名国家注册造价工程师，有问题可向他们请教。

综合办公大楼工程咨询组的全体成员经过一段时间的磨合后，各项工作已经理顺关系，步入了正轨。

➲ 问题

1. 一项工程从有建设意向起到竣工验收止的整个过程应进行哪些方面的计价工作？本项目的计价工作是什么？

2. 举例说明 K 咨询公司可以从事哪些业务？

3. K 咨询公司应具备的资质条件有哪些？

4. 政府对 K 咨询公司这类企业在承揽业务范围、出具成果文件、跨地区承揽业务方面是如何管理的？

5. 在造价工程师应具备的报考条件方面政府是如何规定的？张建明和周子群是否具有报考资格？

6. 若张建明和周子群可以报考，那么他们应该考哪些课程？

📖 知识点

1. 工程造价的分阶段计价。
2. 工程造价咨询企业资质标准。
3. 政府对工程造价咨询企业的管理。
4. 造价工程师的报考。

⚙ 分析思路与参考答案

问题 1

讨论建设项目从有建设意向开始到竣工验收为止的整个过程应进行的计价工作，首先应搞清楚项目的建设程序。

无论是工业项目还是民用项目，其从有意向建设开始至竣工验收为止所经历的程序是：项目立项、可行性研究→项目初步设计→项目技术设计→项目施工图设计→项目施工招标投标→项目施工→项目竣工验收。计价工作与项目建设程序的对应关系是：

项目立项、可行性研究←→投资估算价；

项目初步设计←→概算造价；

项目技术设计←→修正概算造价(小项目没有该部分)；

项目施工图设计←→预算造价；

项目施工招标投标←→施工合同价；

项目施工←→工程结算价；

项目竣工验收←→工程实际造价。

K咨询公司承担的综合办公大楼工程的咨询工作属于项目的可行性研究阶段，因此对应的是投资估算价。

问题2

因为K咨询公司是一家工程咨询公司，按照国家规定，该公司可以从事以下工作：

(1)工程项目建设的可行性研究与经济评价工作；

(2)工程项目的投资估算、设计概算、工程预算、工程结算、竣工决算等工作；

(3)工程招标控制价、投标报价的编制和审核工作；

(4)对工程施工各阶段的监理工作；

(5)对工程造价进行监控以及提供有关工程造价信息资料等工作。

问题3

K咨询公司是甲级资质企业，政府对甲级工程造价咨询企业规定的资质标准是：

(1)企业出资人中，注册造价工程师人数不低于出资人总人数的60%，且其出资额不低于企业注册资本总额的60%；

(2)技术负责人已取得造价工程师注册证书，并具有工程或工程经济类高级专业技术职称，且从事工程造价专业工作15年以上；

(3)专职专业人员不少于20人，其中，具有工程或者工程经济类中级以上专业技术职称的人员不少于16人；取得造价工程师注册证书的人员不少于10人，其他人员具有从事工程造价专业工作的经历；

(4)企业与专职专业人员签订劳动合同，且专职专业人员符合国家规定的职业年龄(出资人除外)；

(5)专职专业人员人事档案关系由国家认可的人事代理机构代为管理；

(6)企业近3年工程造价咨询营业收入累计不低于人民币500万元；

(7)具有固定的办公场所，人均办公建筑面积不少于10平方米；

(8)技术档案管理制度、质量控制制度、财务管理制度齐全；

(9)企业为本单位专职专业人员办理的社会基本养老保险手续齐全；

(10)在申请核定资质等级之日前3年内无违规行为。

问题4

政府对K咨询公司这类企业承揽业务范围的管理是：

(1)可以从事各类建设项目的工程造价咨询业务；

(2)可以进行项目建议书及可行性研究阶段的投资估算、项目经济评价报告的编制和审核；

(3)可以进行项目概预算的编制与审核，并配合设计方案比选、优化设计、限额设计等工作进行工程造价分析与控制；

(4)可以进行项目合同价款的确定(包括招标工程工程量清单和招标控制价、投标报价的编制和审核)；合同价款的签订与调整(包括工程变更、工程洽商和索赔费用的计算)及工程款支付，工程结算及竣工结(决)算报告的编制与审核等；

(5)可以进行工程造价经济纠纷鉴定和仲裁的咨询；

(6)可以提供工程造价信息服务等。

政府在出具成果文件方面的管理是：

成果文件应由企业加盖有企业名称、资质等级及证书编号的执业印章，并由执行咨询业务的注册造价工程师签字、加盖执业印章。

政府在跨地区承揽业务方面的管理是：

企业跨省、自治区、直辖市承接工程造价咨询业务的，应当自承接业务之日起30日内到建设工程所在地省、自治区、直辖市人民政府住房城乡建设主管部门备案。

问题5

政府对报考一级造价工程师规定如下：

(1)具有工程造价专业大学专科(或高等职业教育)学历，从事工程造价业务工作满5年；具有土木建筑、水利、装备制造、交通运输、电子信息、财经商贸大类大学专科(或高等职业教育)学历，从事工程造价业务工作满6年。

(2)具有通过工程教育专业评估(认证)的工程管理、工程造价专业大学本科学历或学位，从事工程造价业务工作满4年；具有工学、管理学、经济学门类大学本科学历或学位，从事工程造价业务工作满5年。

(3)具有工学、管理学、经济学门类硕士学位或者第二学士学位，从事工程造价业务工作满3年。

(4)具有工学、管理学、经济学门类博士学位，从事工程造价业务工作满1年。

(5)具有其他专业相应学历或者学位的人员，从事工程造价业务工作年限相应增加1年。

政府对报考二级造价工程师规定如下：

(1)具有工程造价专业大学专科(或高等职业教育)学历，从事工程造价业务工作满2年；具有土木建筑、水利、装备制造、交通运输、电子信息、财经商贸大类大学专科(或高等职业教育)学历，从事工程造价业务工作满3年。

(2)具有工程管理、工程造价专业大学本科及以上学历或学位，从事工程造价业务工作满1年；具有工学、管理学、经济学门类大学本科及以上学历或学位，从事工程造价业务工作满2年。

(3)具有其他专业相应学历或学位的人员，从事工程造价业务工作年限相应增加1年。

张建明是刚毕业的硕士研究生，周子群是从事工程造价工作仅一年的造价专业大专生，按规定他们二人在第二年不具备报考一级造价工程师的条件，但可报考二级造价工程师。

问题6

(1)若张建明和周子群报考二级造价工程师，那么需要考试以下两门课程：

1)建设工程造价管理基础知识。

2)建设工程计量与计价实务。

（2）若张建明和周子群报考一级造价工程师，那么需要考试以下四门课程：

1）建设工程造价管理。

2）建设工程计价。

3）建设工程技术与计量。

4）建设工程造价案例分析。

第 2 章

工程造价构成

本章主要内容

1. 工程造价构成示意图；

2. 工程费用：设备及工器具购置费的构成与计算、建筑安装工程费的构成；

3. 工程建设其他费用：建设用地费的构成、与项目建设有关的其他费的构成、与未来企业生产经营有关的其他费用的构成；

4. 预备费与建设期贷款利息：基本预备费与价差预备费的计算、建设期贷款利息的计算；

5. 综合应用示例。

由第 1 章的图 1-2 可知，工程造价是指建设项目投资中的固定资产投资，即工程项目的建设投资与建设期贷款利息之和，如图 2-1 所示。

图 2-1　工程造价构成图

因工程项目的建设投资包括工程费用、工程建设其他费用、预备费用，故本章将重点分析上述费用的构成与设备及工器具购置费、基本预备费、价差预备费、建设期贷款利息的计算。

2.1 工程费用

2.1.1 设备及工(器)具购置费的构成与计算

1. 设备及工(器)具购置费的构成

设备及工(器)具购置费是由设备购置费(含设备原价、设备运杂费)、工(器)具及生产家具购置费组成的，如图 2-2 所示。

图 2-2 设备及工器具购置费构成图

2. 设备购置费的计算

设备购置费是指为建设项目购置或自制的达到固定资产标准的各种国产或进口设备、工具、器具的购置费用。

$$设备购置费 = 设备原价 + 设备运杂费 \qquad (2-1)$$

(1)国产设备原价。国产设备原价一般是指设备制造厂的交货价，或订货合同价。它可根据生产厂或供应商的询价、报价、合同价确定，或采用一定的方法计算确定。国产设备原价可分为标准设备原价和非标准设备原价两种。

1)国产标准设备原价。国产标准设备是指按照主管部门颁布的标准图纸和技术要求，由我国设备生产厂批量生产的，符合国家质量检测标准的设备。

【例 2-1】 如人们通常在 4S 店直接购买的国产家用小汽车；在网上购买的台式计算机或笔记本电脑；在电器商场购买的电冰箱、洗衣机，等均属于标准设备。

国产标准设备原价有两种，即带有备件的原价和不带有备件的原价。在计算标准设备原价时，一般采用带有备件的原价。

【例 2-2】 在 4S 店购买的家用小汽车有许多往往带有备用轮胎，如有些越野车后面挂的备用轮胎，这些备用轮胎即为汽车的备件，计算小汽车原价时需要将备用轮胎的价格算在内。

【例 2-3】 某企业因工作需要在国内采购了以下设备：

①从本市某商场购买台式计算机 10 台，6 700 元/台；

②从本省某厂家订购了加工用自控车床 1 台，订货合同价为 1 250 000 元(含备件费 9 600 元)。

求上述设备的原价。

【解】

上述设备均可认为是国产设备标准设备。

①台式计算机原价为商场购买价，即 $10 \times 6\,700 = 67\,000$（元）$= 6.7$（万元）

②自控车床原价为订货合同价，即 $1\,250\,000$（元）$= 125$（万元）

标准设备原价为：$6.7 + 125 = 131.7$（万元）

2）国产非标准设备原价。国产非标准设备是指国家尚无定型标准，各设备生产厂不可能在生产过程中采用批量生产，只能按用户订货，并根据具体的设计图纸制造的设备（如火力发电厂中的锅炉、发电机组等）。

非标准设备原价有多种不同的计算方法，具体有成本计算估价法、系列设备插入估价法、分部组合估价法、定额估价法。

确定国产非标准设备原价常用的是成本计算估价法，其计算时考虑以下各项组成：

①材料费：

$$材料费 = 材料净重 \times (1 + 加工损耗系数) \times 材料综合单价 \qquad (2\text{-}2)$$

②加工费，包括生产工人工资和工资附加费、燃料动力费、设备折旧费、车间经费等。

$$加工费 = 设备总质量(t) \times 设备每吨加工费 \qquad (2\text{-}3)$$

③辅助材料费，如焊条、焊丝、氧气、油漆、电石等费用。

$$辅助材料费 = 设备总质量 \times 辅助材料费指标 \qquad (2\text{-}4)$$

④专用工具费。按①～③项之和乘以一定百分比计算。

⑤废品损失费。按①～④项之和乘以一定百分比计算。

⑥外购配套件费。按设备设计图纸所列的外购配套件的名称、型号、规格、数量、质量，根据相应的价格加运杂费计算。

⑦包装费。按以上①～⑥项之和乘以一定百分比计算。

⑧利润。按①～⑤项加第⑦项之和乘以一定利润率计算。

⑨税金。主要是指增值税。

⑩非标准设备设计费。按国家规定的设计费收费标准计算。

$$国产非标准设备原价 = 材料费 + 加工费 + 辅助材料费 + 专用工具费 + 废品损失费 +$$
$$外购配套件费 + 包装费 + 利润 + 税金 + 非标准设备设计费 \qquad (2\text{-}5)$$

【例 2-4】 某单位定做专用设备为 3 台，设备厂报价为：材料费 25 万元，辅助材料费 8 000 元，加工费 3 万元，专用工具费 3 000 元，废品损失费率为材料费的 8%，外购配套件费为 4 万元，包装费为 3 000 元，利润为 3 万元，税金为 4 万元，设计费为 2 万元。求专用设备的原价。

【解】

该例中的专用设备为非标准设备，其原价为

$$25 + 0.8 + 3 + 0.3 + 25 \times 8\% + 4 + 0.3 + 3 + 4 + 2 = 44.4（万元）$$

（2）进口设备原价。进口设备的原价是指进口设备的抵岸价，即抵达买方边境港口或边境车站，且交完关税等税费后形成的价格。进口设备抵岸价的构成与进口设备的交货类别有关。

1）进口设备的交货类别。

①内陆交货类：即卖方在出口国内陆的某个地点交货。在交货地点，卖方及时提交合

18

同规定的货物和有关凭证，并负担交货前的一切费用和风险，买方按时接受货物，交付货款，负担接货后的一切费用和风险，并自行办理出口手续和装运出口。货物的所有权也在交货后由卖方转移给买方。

②目的地交货类：即卖方在进口国的港口或内地交货，有目的港船上交货价、目的港船边交货价和目的港码头交货价(关税已付)及完税后交货价(进口国的指定地点)等几种交货价。它们的特点是，买卖双方承担的责任、费用和风险是以目的地约定交货点为分界线，只有当卖方在交货点将货物置于买方控制下才算交货，才能向买方收取货款。这种交货类别对卖方来说承担的风险较大，在国际贸易中卖方一般不愿采用。

③装运港交货类：即卖方在出口国装运港交货，主要有装运港船上交货价(FOB)，习惯称离岸价格，它的特点是：卖方按照约定的时间在装运港交货，只要卖方将合同规定的货物装船后提供货运单据便完成交货任务，可凭单据收回货款。

装运港船上交货价(FOB)是我国进口设备采用最多的一种货价。采用船上交货价时卖方的责任是：在规定的期限内，负责在合同规定的装运港口将货物装上买方指定的船只，并及时通知买方；负担货物装船前的一切费用和风险，负责办理出口手续，提供出口国政府或有关方面签发的证件；负责提供有关装运单据。买方的责任是：负责租船或订舱，支付运费，并将船期、船名通知卖方，负担货物装船后的一切费用和风险；负责办理保险及支付保险费，办理在目的港的进口和收货手续，接受卖方提供的有关装运单据，并按合同规定支付货款。

2)进口设备原价的计算。

进口设备原价＝FOB价＋国际运费＋运输保险费＋银行财务费＋外贸手续费＋关税＋
$$增值税＋消费税＋车辆购置税 \tag{2-6}$$

①FOB价(装运港船上交货价)：FOB价可分为原币货价和人民币货价，原币货价一律折算为美元表示，人民币货价按原币货价乘以外汇市场美元兑换人民币中间价确定。FOB价按有关生产厂商询价、报价、订货合同价计算。

②国际运费：即从出口国装运港(站)到达进口国港(站)的运费。我国进口设备大部分采用海洋运输，小部分采用铁路、公路运输，个别采用航空运输。

③运输保险费：对外贸易货物运输保险是由保险公司与被保险的出口人或进口人订立保险契约，在被保险人交付议定的保险费后，保险公司根据保险契约的规定对货物在运输过程中发生的承保责任范围内的损失给予经济上的补偿，是一种财产保险。

$$运输保险费＝\frac{FOB价＋国际运费}{1－保险费费率}×保险费费率 \tag{2-7}$$

④银行财务费：一般是指中国银行手续费。

$$银行财务费＝FOB价×银行财务费费率 \tag{2-8}$$

⑤外贸手续费：指按对外经济贸易部门规定的外贸手续费费率计取的费用，外贸手续费费率一般取1.5%。

$$外贸手续费＝(FOB价＋国际运费＋运输保险费)×外贸手续费费率 \tag{2-9}$$

⑥关税：由海关对进出国境或关境的货物和物品征收的税。

$$关税＝(FOB价＋国际运费＋运输保险费)×进口关税税率 \tag{2-10}$$

进口关税税率可分为优惠和普通两种。优惠税率适用于与我国签订有关税互惠条约或协定的国家的进口设备；普通税率适用于与我国未订有关税互惠条约或协定的国家的进口设备。进口关税税率按我国海关总署发布的进口关税税率计算。

进口设备时，习惯上称 FOB 价为离岸价格，称 CIF 价为到岸价格或关税完税价格。

$$CIF 价 = FOB 价 + 国际运费 + 运输保险费 \qquad (2-11)$$

⑦增值税：是对从事进口贸易的单位和个人，在进口商品报关进口后征收的税种。我国增值税条例规定，进口应税产品均按组成计税价格和增值税税率直接计算应纳税额。

$$进口产品增值税额 = 组成计税价格 \times 增值税税率 \qquad (2-12)$$
$$组成计税价格 = FOB 价 + 国际运费 + 运输保险费 + 关税 + 消费税 \qquad (2-13)$$

⑧消费税：仅对部分进口设备(如轿车、摩托车等)征收。

$$应纳消费税额 = \frac{到岸价 + 关税}{1 - 消费税税率} \times 消费税税率 \qquad (2-14)$$

⑨车辆购置税：进口车辆需缴进口车辆购置税。

$$进口车辆购置税 = (FOB 价 + 国际运费 + 运输保险费 + 关税 + 消费税 + 增值税) \times$$
$$进口车辆购置税税率 \qquad (2-15)$$

【例 2-5】 A 汽车经售商从国外进口某品牌家用轿车 100 台。该品牌轿车在出口国的裸车市场价格为 36 600 欧元/台。车辆在出口国的装卸费、运费以及办理出关需交纳的各种税费合计为裸车市场价的 3%。车辆由出口国运往我国的海运费为 FOB 价的 9%，海运保险费和银行手续费费率分别为 3‰和 4‰，外贸手续费费率为 1.5%，增值税税率为 17%，关税税率为 20%，消费税税率为 5%，进口车辆购置税税率为 7.5%，欧元对人民币汇率为 1∶7.7。

计算该批进口轿车的原价的总价及单价。

【解】

FOB 价(装运港船上交货价)＝100×3.66×(1+3%)＝376.98(万欧元)

海运费(国际运费)＝376.98×9%＝33.928 2(万欧元)

$$运输保险费 = \frac{376.98 + 33.928\ 2}{1 - 3‰} \times 3‰ = 1.236\ 4(万欧元)$$

银行财务费＝376.98×4‰＝1.507 9(万欧元)

外贸手续费＝(376.98+33.928 2+1.236 4)×1.5%＝6.182 2(万欧元)

关税＝(376.98+33.928 2+1.236 4)×20%＝82.428 9(万欧元)

$$消费税 = \frac{376.98 + 33.928\ 2 + 1.236\ 4 + 82.428\ 9}{1 - 5\%} \times 5\% = 26.030\ 2(万欧元)$$

增值税＝(376.98+33.928 2+1.236 4+82.428 9+26.030 2)×17%＝88.502 6(万欧元)

车辆购置税＝(376.98+33.928 2+1.236 4+82.428 9+26.030 2+88.502 6)×7.5%
＝45.683(万欧元)

进口轿车原价总价＝376.98+33.928 2+1.236 4+82.428 9+26.030 2+88.502 6+
45.683＝654.789 3(万欧元)

＝654.789 3×7.7＝5 041.877 6(万元人民币)

$$进口轿车原价单价 = \frac{654.789\ 3}{100} = 6.547\ 9(万欧元/台) = 65\ 479(欧元/台)$$

＝65 479×7.7＝504 188(元人民币/台)

(3)设备运杂费。

1)设备运杂费的构成。

①运费和装卸费：国产设备的运费和装卸费是指由设备制造厂交货地点(或购买地点，如商店)起至工地仓库(或施工组织设计指定的需要安装设备的堆放地点)止所发生的运费和装卸费。

进口设备的运费和装卸费则是指由我国到岸港口或边境车站起至工地仓库(或施工组织设计指定的需安装设备的堆放地点)止所发生的运费和装卸费。

②包装费：指在设备原价中没有包含的、为运输而进行包装支出的各种费用。

③供销部门手续费。

④采购与仓库保管费：指采购、验收、保管和收发设备所发生的各种费用，包括设备采购人员、保管人员和管理人员的工资、工资附加费、办公费、差旅交通费、设备供应部门办公和仓库所占固定资产使用费、工具用具使用费、劳动保护费、检验试验费等。

2)设备运杂费的计算。

①按实际发生的费用计算。

设备运杂费＝运费＋装卸费＋包装费＋供销部门手续费＋采购与仓库保管费　　(2-16)

②按运杂费费率计算。

设备运杂费＝设备原价×设备运杂费费率　　(2-17)

2. 工(器)具及生产家具购置费

工(器)具及生产家具购置费是指新建或扩建项目初步设计规定的，保证初期正常生产必须购置的没有达到固定资产标准的设备、仪器、工卡模具、器具、生产家具和备品备件等的购置费用。

工(器)具及生产家具购置费＝设备购置费×定额费率　　(2-18)

【例2-6】 某新建机械制造厂需采购生产用设备、工(器)具及家具。其中进口设备重为1 000 t，抵岸价为2 000万美元，设备从到货口岸至安装现场300 km，运输费为1.5元人民币/(t·km)，装卸费为10元人民币/t，国内运输保险费费率为抵岸价的0.5‰，进口设备的现场保管费费率为抵岸价的1‰，美元对人民币汇率为1∶6.3。国产设备均为标准设备，其带有备件的订货合同价为8 000万元人民币，国产设备的设备运杂费费率为2‰。按规定，新建机械制造厂的工(器)具及生产家具购置费费率为4%。

估算该新建机械制造厂的设备及工(器)具购置费用。

【解】

(1)进口设备运杂费：

进口设备运费＝1 000×300×1.5＝450 000(元)＝45(万元人民币)

进口设备装卸费＝1 000×10＝10 000(元)＝1(万元人民币)

进口设备国内运输保险费＝2 000×0.5‰×6.3＝6.3(万元人民币)

进口设备现场保管费＝2 000×1‰×6.3＝12.6(万元人民币)

进口设备运杂费＝45＋1＋6.3＋12.6＝64.9(万元人民币)

(2)国产设备运杂费：

8 000×2‰＝16(万元人民币)

(3)设备购置费：

$$2\ 000 \times 6.3 + 8\ 000 + 64.9 + 16 = 20\ 680.9(万元人民币)$$

(4)工(器)具及生产家具购置费：

$$20\ 680.9 \times 4\% = 827.236(万元人民币)$$

(5)新建机械制造厂总的设备及工(器)具购置费：

$$20\ 680.9 + 827.236 = 21\ 508.136(万元人民币)$$

2.1.2 建筑安装工程费的构成

建筑安装工程费是为完成工程项目的建造、生产性设备及配套工程安装所需要的费用。其可分为建筑工程费和安装工程费两部分。

(1)建筑工程费主要内容有以下几项：

1)各类房屋建筑工程和列入房屋建筑工程预算的供水、供暖、供电、卫生、通风、煤气等设备费用及其装饰、油饰工程的费用，列入建筑工程预算的各种管道、电力、电信和电缆导线敷设工程的费用。

2)设备基础、支柱、工作台、烟囱、水塔、水池、灰塔等建筑工程以及各种炉窑的砌筑工程和金属结构工程的费用。

3)为施工而进行的场地平整工程和水位地质勘察，原有建筑物和障碍物的拆除以及施工临时用水、电、气、路和完工后的场地清理、环境绿化、美化等工作的费用。

4)矿井开凿、井巷延伸、露天矿剥离，石油、天然气钻井以及修建铁路、公路、桥梁、水库、堤坝、灌渠及防洪等工程的费用。

(2)安装工程费主要内容有以下几项：

1)生产、动力、起重、运输、传动和医疗、试验等各种需要安装的机械设备的装配费用，与设备相连的工作台、梯子、栏杆等装饰工程以及附设于安装设备的管线敷设工程和被安装设备的绝缘、防腐、保温、油漆等工作的材料费用和安装费用。

2)为测定安装工程质量，对单个设备进行单机试运转和对系统设备进行系统联动无负荷试运转工作的调试费。

根据住房和城乡建设部、财政部颁布的"关于印发《建筑安装工程费用项目组成》的通知"(建标〔2013〕44号)，我国现行建筑安装工程费用项目可分别按费用构成要素和造价形成进行划分。

1. 按构成要素划分建筑安装工程费

建筑安装工程费按照构成要素划分为人工费、材料(包含工程设备)费、施工机具使用费、企业管理费、利润、规费和税金。具体组成如图2-3所示。其中，人工费、材料费、施工机具使用费、企业管理费和利润包含在分部分项工程费、措施项目费、其他项目费中。

(1)人工费。人工费是指按工资总额构成规定，支付给从事建筑安装工程施工的生产工人和附属生产单位工人的各项费用。其内容包括：

1)计时工资或计件工资：是指按计时工资标准和工作时间或对已做工作按计件单价支付给个人的劳动报酬。

2)奖金：是指对超额劳动和增收节支支付给个人的劳动报酬。如节约奖、劳动竞赛奖等。

3)津贴补贴：是指为了补偿职工特殊或额外的劳动消耗和因其他特殊原因支付给个人

的津贴，以及为了保证职工工资水平不受物价影响支付给个人的物价补贴。如流动施工津贴、特殊地区施工津贴、高温(寒)作业临时津贴、高空津贴等。

4)加班加点工资：是指按规定支付的在法定节假日工作的加班工资和在法定日工作时间外延时工作的加点工资。

5)特殊情况下支付的工资：是指根据国家法律、法规和政策规定，因病、工伤、产假、计划生育假、婚丧假、事假、探亲假、定期休假、停工学习、执行国家或社会义务等原因按计时工资标准或计时工资标准的一定比例支付的工资。

(2)材料费。材料费是指施工过程中耗费的原材料、辅助材料、构配件、零件、半成品或成品、工程设备的费用。其内容包括：

1)材料原价：是指材料、工程设备的出厂价格或商家供应价格。

2)运杂费：是指材料、工程设备自来源地运至工地仓库或指定堆放地点所发生的全部费用。

3)运输损耗费：是指材料在运输装卸过程中不可避免的损耗。

4)采购及保管费：是指为组织采购、供应和保管材料、工程设备的过程中所需要的各项费用。其包括采购费、仓储费、工地保管费、仓储损耗。

图 2-3　按费用构成要素划分的建筑安装工程费

工程设备是指构成或计划构成永久工程一部分的机电设备、金属结构设备、仪器装置及其他类似的设备和装置。

(3)施工机具使用费。施工机具使用费是指施工作业所发生的施工机械、仪器仪表使用费或其租赁费。

1)施工机械使用费：以施工机械台班耗用量乘以施工机械台班单价表示，施工机械台班单价应由下列七项费用组成：

①折旧费：指施工机械在规定的使用年限内，陆续收回其原值的费用。

②大修理费：指施工机械按规定的大修理间隔台班进行必要的大修理，以恢复其正常功能所需的费用。

③经常修理费：指施工机械除大修理以外的各级保养和临时故障排除所需的费用。包括为保障机械正常运转所需替换设备与随机配备工具附具的摊销和维护费用，机械运转中日常保养所需润滑与擦拭的材料费用及机械停滞期间的维护和保养费用等。

④安拆费及场外运费：安拆费指施工机械（大型机械除外）在现场进行安装与拆卸所需的人工、材料、机械和试运转费用以及机械辅助设施的折旧、搭设、拆除等费用；场外运费指施工机械整体或分体自停放地点运至施工现场或由一施工地点运至另一施工地点的运输、装卸、辅助材料及架线等费用。

⑤人工费：指机上司机（司炉）和其他操作人员的人工费。

⑥燃料动力费：指施工机械在运转作业中所消耗的各种燃料及水、电等。

⑦税费：指施工机械按照国家规定应缴纳的车船使用税、保险费及年检费等。

2)仪器仪表使用费：是指工程施工所需使用的仪器仪表的摊销及维修费用。

(4)企业管理费。企业管理费是指建筑安装企业组织施工生产和经营管理所需的费用。其内容包括：

1)管理人员工资：是指按规定支付给管理人员的计时工资、奖金、津贴补贴、加班加点工资及特殊情况下支付的工资等。

2)办公费：是指企业管理办公用的文具、纸张、账表、印刷、邮电、书报、办公软件、现场监控、会议、水电、烧水和集体取暖降温（包括现场临时宿舍取暖降温）等费用。

3)差旅交通费：是指职工因公出差、调动工作的差旅费、住勤补助费，市内交通费和误餐补助费，职工探亲路费，劳动力招募费，职工退休、退职一次性路费，工伤人员就医路费，工地转移费以及管理部门使用的交通工具的油料、燃料等费用。

4)固定资产使用费：是指管理和试验部门及附属生产单位使用的属于固定资产的房屋、设备、仪器等的折旧、大修、维修或租赁费。

5)工（器）具用具使用费：是指企业施工生产和管理使用的不属于固定资产的工具、器具、家具、交通工具和检验、试验、测绘、消防用具等的购置、维修和摊销费。

6)劳动保险和职工福利费：是指由企业支付的职工退职金、按规定支付给离休干部的经费，集体福利费、夏季防暑降温、冬季取暖补贴、上下班交通补贴等。

7)劳动保护费：是企业按规定发放的劳动保护用品的支出。如工作服、手套、防暑降温饮料以及在有碍身体健康的环境中施工的保健费用等。

8)检验试验费：是指施工企业按照有关标准规定，对建筑以及材料、构件和建筑安装物进行一般鉴定、检查所发生的费用，包括自设试验室进行试验所耗用的材料等费用。不包括新结构、新材料的试验费，对构件做破坏性试验及其他特殊要求检验试验的费用和建设单位委托检测机构进行检测的费用，对此类检测发生的费用，由建设单位在工程建设其他费用中列支。但对施工企业提供的具有合格证明的材料进行检测不合格的，该检测费用由施工企业支付。

9)工会经费：是指企业按《中华人民共和国工会法》规定的全部职工工资总额比例计提的工会经费。

10)职工教育经费：是指按职工工资总额的规定比例计提，企业为职工进行专业技术和职业技能培训，专业技术人员继续教育、职工职业技能鉴定、职业资格认定以及根据需要对职工进行各类文化教育所发生的费用。

11)财产保险费：是指施工管理用财产、车辆等的保险费用。

12)财务费：是指企业为施工生产筹集资金或提供预付款担保、履约担保、职工工资支付担保等所发生的各种费用。

13)税金：是指企业按规定缴纳的房产税、车船使用税、土地使用税、印花税等。

14)其他：包括技术转让费、技术开发费、投标费、业务招待费、绿化费、广告费、公证费、法律顾问费、审计费、咨询费、保险费等。

(5)利润。利润是指施工企业完成所承包工程获得的营利。

(6)规费。规费是指按国家法律、法规规定，由省级政府和省级有关权力部门规定必须缴纳或计取的费用。其包括以下几项费用：

1)社会保险费。

①养老保险费：是指企业按照规定标准为职工缴纳的基本养老保险费。

②失业保险费：是指企业按照规定标准为职工缴纳的失业保险费。

③医疗保险费：是指企业按照规定标准为职工缴纳的基本医疗保险费。

④生育保险费：是指企业按照规定标准为职工缴纳的生育保险费。

⑤工伤保险费：是指企业按照规定标准为职工缴纳的工伤保险费。

2)住房公积金：是指企业按规定标准为职工缴纳的住房公积金。

3)工程排污费：是指按规定缴纳的施工现场工程排污费。

其他应列而未列入的规费，按实际发生计取。

(7)税金。税金是指国家税法规定的应计入建筑安装工程造价内的增值税、城市维护建设税、教育费附加以及地方教育附加。

2. 按造价形成划分建筑安装工程费

建筑安装工程费按照工程造价形成由分部分项工程费、措施项目费、其他项目费、规费、税金组成。具体如图 2-4 所示。其中分部分项工程费、措施项目费、其他项目费包含人工费、材料费、施工机具使用费、企业管理费和利润。

(1)分部分项工程费。分部分项工程费是指各专业工程的分部分项工程应予列支的各项费用。

1)专业工程：是指按现行国家计量规范划分的房屋建筑与装饰工程、仿古建筑工程、通用安装工程、市政工程、园林绿化工程、矿山工程、构筑物工程、城市轨道交通工程、爆破工程等各类工程。

2)分部分项工程：指按现行国家计量规范对各专业工程划分的项目。如房屋建筑与装饰工程划分的土石方工程、地基处理与桩基工程、砌筑工程、钢筋及钢筋混凝土工程等。

图 2-4 按造价形成划分的建筑安装工程费

各类专业工程的分部分项工程划分见现行国家或行业计量规范。

（2）措施项目费。措施项目费是指为完成建设工程施工，发生于该工程施工前和施工过程中的技术、生活、安全、环境保护等方面的费用。其内容包括：

1）安全文明施工费。

①环境保护费：是指施工现场为达到环保部门要求所需要的各项费用。

②文明施工费：是指施工现场文明施工所需要的各项费用。

③安全施工费：是指施工现场安全施工所需要的各项费用。

④临时设施费：是指施工企业为进行建设工程施工所必须搭设的生活和生产用的临时建筑物、构筑物和其他临时设施费用。包括临时设施的搭设、维修、拆除、清理费或摊销费等。

2）夜间施工增加费：是指因夜间施工所发生的夜班补助费、夜间施工降效、夜间施工照明设备摊销及照明用电等费用。

3）二次搬运费：是指因施工场地条件限制而发生的材料、构配件、半成品等一次运输不能到达堆放地点，必须进行二次或多次搬运所发生的费用。

4）冬、雨期施工增加费：是指在冬期或雨期施工需增加的临时设施、防滑、排除雨雪，人工及施工机械效率降低等费用。

5）已完工程及设备保护费：是指竣工验收前，对已完工程及设备采取的必要保护措施所发生的费用。

6)工程定位复测费：是指工程施工过程中进行全部施工测量放线和复测工作的费用。

7)特殊地区施工增加费：是指工程在沙漠或其边缘地区、高海拔、高寒、原始森林等特殊地区施工增加的费用。

8)大型机械设备进出场及安拆费：是指机械整体或分体自停放场地运至施工现场或由一个施工地点运至另一个施工地点，所发生的机械进出场运输及转移费用及机械在施工现场进行安装、拆卸所需的人工费、材料费、机械费、试运转费和安装所需的辅助设施的费用。

9)脚手架工程费：是指施工需要的各种脚手架搭、拆、运输费用以及脚手架购置费的摊销(或租赁)费用。

措施项目及其包含的内容详见各类专业工程的现行国家或行业计量规范。

(3)其他项目费。

1)暂列金额：是指建设单位在工程量清单中暂定并包括在工程合同价款中的一笔款项。用于施工合同签订时尚未确定或者不可预见的所需材料、工程设备、服务的采购，施工中可能发生的工程变更、合同约定调整因素出现时的工程价款调整以及发生的索赔、现场签证确认等的费用。

2)计日工：是指在施工过程中，施工企业完成建设单位提出的施工图纸以外的零星项目或工作所需的费用。

3)总承包服务费：是指总承包人为配合、协调建设单位进行的专业工程发包，对建设单位自行采购的材料、工程设备等进行保管以及施工现场管理、竣工资料汇总整理等服务所需的费用。

(4)规费。同前述"按构成要素划分建筑安装工程费"的相关内容。

(5)税金。同前述"按构成要素划分建筑安装工程费"的相关内容。

2.2 工程建设其他费用

工程建设其他费用是指工程项目建设期内发生的与土地使用权取得、整个工程项目建设以及未来生产经营有关的资金(不包括工程费用中已含的费用)。

2.2.1 建设用地费

建设用地费是指建设单位为获得建设用地而支付的费用。其表现形式有两种：一是土地征用及迁移补偿费；二是土地使用权出让金。

1. 土地征用及迁移补偿费

土地征用及迁移补偿费是指建设单位依法申请使用国有土地，并依照《中华人民共和国土地管理法》所支付的费用。征收耕地的补偿费用包括土地补偿费、安置补助费以及地上附着物和青苗的补偿费。

(1)征收耕地的土地补偿费为该耕地被征收前三年平均年产值的 6~10 倍。

(2)征收耕地的安置补助费按照需要安置的农业人口数计算。需要安置的农业人口数，按照被征收的耕地数量除以征地前被征收单位平均每人占有耕地的数量计算。每一个需要安置的农业人口的安置补助费标准，为该耕地被征收前三年平均年产值的4～6倍。但是每公顷（1公顷＝10 000 ㎡）被征收耕地的安置补助费，最高不得超过被征收前三年平均年产值的15倍。

（3）征收其他土地的土地补偿费和安置补助费标准，由省、自治区、直辖市参照征收耕地的土地补偿费和安置补助费的标准规定。

（4）被征收土地上的附着物和青苗的补偿标准，由省、自治区、直辖市规定。

（5）征收城市郊区的菜地，用地单位应当按照国家有关规定缴纳新菜地开发建设基金。

（6）依照前面规定支付土地补偿费和安置补助费，尚不能使需要安置的农民保持原有生活水平的，经省、自治区、直辖市人民政府批准，可以增加安置补助费。但是土地补偿费和安置补助费的总和不得超过土地被征收前三年平均年产值的30倍。

2. 土地使用权出让金

土地使用权出让金是指建设项目通过土地使用权出让方式，取得有限期的土地使用权，依照《中华人民共和国城镇国有土地使用权出让和转让暂行条例》规定，支付的土地使用权出让金。

（1）国家是城市土地的唯一所有者，并分层次、有偿、有限期地出让城市土地。第一层次是城市政府将国有土地使用权出让给用地者，该层次由城市政府垄断经营。出让对象可以是有法人资格的企事业单位，也可以是外商。第二层次及以下层次的转让则发生在使用者之间。

（2）城市土地的出让可采用协议、招标、公开拍卖等方式。

（3）土地使用权出让最高年限按下列用途确定：

1）居住用地70年；

2）工业用地50年；

3）教育、科技、文化、卫生、体育用地50年；

4）商业、旅游、娱乐用地40年；

5）综合或者其他用地50年。

2.2.2 与项目建设有关的其他费

1. 建设单位管理费

建设单位管理费是指建设单位在建设项目从立项、筹建、建设、联合试运转到竣工验收交付使用及后评估全过程管理所需费用。

（1）建设单位开办费。建设单位开办费是指新建项目为保证筹建和建设工作正常进行所需办公设备、生活家具、用具、交通工具等购置费用。

（2）建设单位经费。建设单位经费包括工作人员的基本工资、工资性补贴、职工福利费、劳动保护费、劳动保险费、办公费、差旅交通费、工会经费、职工教育经费、固定资产使用费、工具用具使用费、技术图书资料费、生产人员招募费、工程招标费、合同契约公证费、工程质量监督检测费、工程咨询费、法律顾问费、审计费、业务招待费、排污费、竣工交付使用清理及竣工验收费、后评估等费用。不包括应计入设备、材料预算价格的建设单位采购及保管设备材料所需的费用。

2. 勘察设计费

（1）编制项目建议书、可行性研究报告及投资估算、工程咨询、评价以及为编制上述文件所进行勘察、设计、研究试验等所需费用；

（2）委托勘察、设计单位进行初步设计、施工图设计及概预算编制等所需费用；

（3）在规定范围内由建设单位自行完成的勘察、设计工作所需费用。

3. 研究试验费

研究试验费是指为建设项目提供和验证设计参数、数据、资料等所进行的必要的试验费用以及设计规定在施工中必须进行试验、验证所需费用，包括自行或委托其他部门研究试验所需人工费、材料费、试验设备及仪器使用费等。这项费用按照设计单位根据本工程项目的需要提出的研究试验内容和要求计算。

4. 建设单位临时设施费

建设单位临时设施费是指建设期间建设单拉所需临时设施的搭设、维修、摊销费用或租赁费用。临时设施包括临时宿舍、文化福利及公用事业房屋与构筑物、仓库、办公室、加工厂以及规定范围内的道路、水、电、管线等临时设施和小型临时设施。

5. 工程监理费

工程监理费是指建设单位委托工程监理单位对工程实施监理工作所需费用。工程监理费国家主管部门颁布的文件规定计算。

6. 工程保险费

工程保险费是指建设项目在建设期间根据需要实施工程保险所需的费用。其包括以各种建筑工程及其在施工过程中的物料、机器设备为保险标的的建筑工程一切险；以安装工程中的各种机器、机械设备为保险标的的安装工程一切险，以及机器损坏保险等。根据不同的工程类别，分别以其建筑、安装工程费乘以建筑、安装工程保险费费率计算。

7. 引进技术和进口设备其他费

引进技术和进口设备其他费包括出国人员费用、国外工程技术人员来华费用、技术引进费、分期或延期付款利息、担保费以及进口设备检验鉴定费。

8. 工程承包费

工程承包费是指具有总承包条件的工程公司，对工程建设项目从开始建设至竣工投产全过程的总承包所需的管理费用。其具体内容包括组织勘察设计、设备材料采购、非标准设备设计制造与销售、施工招标、发包、工程预决算、项目管理、施工质量监督、隐蔽工程检查、验收和试车直至竣工投产的各种管理费用。该费用按国家主管部门或省、自治区、直辖市协调规定的工程总承包费取费标准计算。

2.2.3 与未来企业生产经营有关的其他费用

1. 联合试运转费

联合试运转费是指新建企业或新增加生产工艺过程的扩建企业在竣工验收前，按照设计规定的工程质量标准，进行整个车间的负荷或无负荷联合试运转发生的费用支出大于试运转收入的亏损部分。联合试运转费用内容包括：试运转所需的原料、燃料、油料和动力的费用，机械使用费用，低值易耗品及其他物品的购置费用和施工单位参加联合试运转人员的工资等。试运转收入包括试运转产品销售和其他收入。不包括应由设备安装工程费项下开支的单台设备调试费及试车费用。联合试运转费一般根据不同性质的项目按需要试运转车间的工艺设备购置费的百分比计算。

2. 生产准备费

生产准备费是指新建企业或新增生产能力的企业，为保证竣工交付使用进行必要的生产准备所发生的费用。费用内容包括：

(1)生产人员培训费，包括自行培训、委托其他单位培训的人员的工资、工资性补贴、职工福利费、差旅交通费、学习资料费、学习费、劳动保护费等。

(2)生产单位提前进厂参加施工、设备安装、调试等以及熟悉工艺流程及设备性能等人员工资、工资性补贴、职工福利费、差旅交通费、劳动保护费等。

生产准备费一般根据需要培训和提前进厂人员的人数及培训时间按生产准备费指标进行估算。

3. 办公和生活家具购置费

办公和生活家具购置费是指为保证新建、改建、扩建项目初期正常生产、使用和管理所需购置的办公和生活家具、用具的费用。改、扩建项目所需的办公和生活用具购置费应低于新建项目。其范围包括办公室、会议室、资料档案室、阅览室、文娱室、食堂、浴室、理发室、单身宿舍和设计规定必须建设的托儿所、卫生所、招待所、中小学校等家具用具购置费。

2.3 预备费与建设期贷款利息

2.3.1 预备费

1. 基本预备费

基本预备费是指在初步设计及概算内难以预料的工程费用。基本预备费主要有以下几项：

(1)在批准的初步设计范围内，技术设计、施工图设计及施工过程中所增加的工程费用；设计变更、局部地基处理等增加的费用。

(2)一般自然灾害造成的损失和预防自然灾害所采取的措施费用。实行工程保险的项目，费用应适当降低。

(3)竣工验收时为鉴定工程质量，对隐蔽工程进行必要的挖掘和修复费用。

基本预备费＝(设备及工器具购置费＋建筑安装工程费＋工程建设其他费)×
基本预备费费率 (2-19)

基本预备费费率按国家及部门的有关规定执行。

【例2-7】 某建设项目国产设备原价为15 500万元人民币，进口设备抵岸价为10 800万元人民币，该项目设备运杂费费率均为3‰，工器具及生产家具购置费费率为3.5%，建筑安装工程费与工程建设其他费分别占设备及工器具购置费的50%、40%。按规定，该项目的基本计算预备费费率为6%。试计算该项目的基本预备费。

【解】

(1)设备购置费。

(15 500+10 800)×(1+3‰)=26 378.9(万元)

(2)设备及工器具购置费。

(15 500+10 800+26 378.9)×(1+3.5%)=54 522.661 5(万元)

(3)建筑安装工程费。

54 522.661 5×50%=27 261.330 8(万元)

(4)工程建设其他费。

54 522.661 5×40%=21 809.064 6(万元)

(5)基本预备费。

(54 522.661 5+27 261.330 8+21 809.064 6)×6%=6 215.583 4(万元)

2. 价差预备费

价差预备费是指工程项目在建设期间内由于价格等变化引起工程造价变化的预测预留费用。费用内容包括人工、设备、材料、施工机械的价差费，建筑安装工程费及工程建设其他费用调整，利率、汇率调整等增加的费用。

价差预备费以估算年份价格水平的投资额为基数，根据国家规定的综合价格指数，采用复利方法计算。计算公式为

$$PF=\sum_{t=1}^{n}I_t[(1+f)^t-1] \tag{2-20}$$

式中　　PF——价差预备费；

　　　　n——建设期年份数；

　　　　I_t——建设期中第 t 年的投资计划额（I_t=设备及工器具购置费+建筑安装工程费+工程建设其他费+基本预备费）；

　　　　f——年均投资价格上涨率。

【例 2-8】 某房地产开发项目计划 3 年建成。建设期各年计划静态投资额为：第一年 15 000 万元，第二年 20 000 万元，第三年 10 000 万元。估计建设期间年均价格上涨率为 4%。试计算该建设项目的价差预备费。

【解】

(1)第一年价差预备费。

$PF_1=I_1[(1+f)-1]=15\ 000\times[(1+4\%)-1]=600(万元)$

(2)第二年价差预备费。

$PF_2=I_2[(1+f)^2-1]=20\ 000\times[(1+4\%)^2-1]=1\ 632(万元)$

(3)第三年价差预备费。

$PF_3=I_3[(1+f)^3-1]=10\ 000\times[(1+4\%)^3-1]=1\ 248.64(万元)$

(4)建设期间总价差预备费。

$PF=600+1\ 632+1\ 248.64=3\ 480.64(万元)$

2.3.2　建设期贷款利息的计算

建设期贷款利息是指项目建设期间向国内银行和其他非银行金融机构贷款、出口信贷、

外国政府贷款、国际商业银行贷款，以及在境内外发行的债券等所产生的利息。

当总贷款是分年均衡发放时，建设期利息的计算可按当年借款在年中支用考虑，即当年贷款按半年计息，上年贷款按全年计息。计算公式为

$$q_j = (P_{j-1} + \frac{1}{2}A_j) \times i \qquad (2\text{-}21)$$

式中 q_j——建设期第 j 年应计利息；

P_{j-1}——建设期第 $(j-1)$ 年年末贷款累计金额与利息累计金额之和；

A_j——建设期第 j 年的贷款金额；

i——年利率。

在国外贷款利息的计算中，还应包括国外贷款银行根据贷款协议向贷款方以年利率的方式收取的手续费、管理费、承诺费；以及国内代理机构经国家主管部门批准的以年利率的方式向贷款单位收取的转贷费、担保费、管理费等。

【例 2-9】 某建设项目计划 3 年建成。其建设投资中的部分资金为从银行贷款获得，贷款计划为第一年贷款 7 000 万元，第二年贷款 11 000 万元，第三年贷款 5 000 万元。企业与银行约定：贷款年利率 8%，银行分年按月均衡发放贷款，建设期内利息只计息不支付。试计算该项目建设期贷款利息。

【解】

(1) 第一年的贷款利息。

$$q_1 = \frac{1}{2}A_1 \times i = \frac{1}{2} \times 7\,000 \times 8\% = 280 (万元)$$

(2) 第二年的贷款利息。

$$q_2 = (P_1 + \frac{1}{2}A_2) \times i = \left(7\,000 + 280 + \frac{1}{2} \times 11\,000\right) \times 8\% = 1\,022.4 (万元)$$

(3) 第三年的贷款利息。

$$q_3 = (P_2 + \frac{1}{2}A_3) \times i = \left(7\,000 + 280 + 11\,000 + 1\,022.4 + \frac{1}{2} \times 5\,000\right) \times 8\% = 1\,744.192 (万元)$$

(4) 建设期间贷款总利息。

$$Q = q_1 + q_2 + q_3 = 280 + 1\,022.4 + 1\,744.192 = 3\,046.592 (万元)$$

2.4 综合应用示例

📖 **背景资料**

甲企业拟建一工厂，计划建设期三年，第四年工厂投产，投产当年的生产负荷达到设计生产能力的 60%，第五年达到设计生产能力的 85%，第六年达到设计生产能力。项目运营期为 20 年。

该项目所需设备分为进口设备与国产设备两部分。

进口设备重 1 000 t，其装运港船上交货价为 900 万美元，海运费为 300 美元/t，海运保险费和银行手续费分别为货价的 2‰和 5‰，外贸手续费费率为 1.5%，增值税税率为 17%，关

税税率为 25%，美元对人民币汇率为 1 : 6。设备从到货口岸至安装现场 500 km，运输费为 1 元人民币/(t·km)，装卸费为 50 元人民币/t，国内运输保险费费率为抵岸价的 1‰，设备的现场保管费费率为抵岸价的 2‰。

国产设备均为标准设备，其带有备件的订货合同价为 9 500 万元人民币。国产标准设备的设备运杂费费率为 3‰。

该项目的工(器)具及生产家具购置费费率为 4%。

该项目建筑安装工程费用估计为 8 000 万元人民币，工程建设其他费用估计为 5 000 万元人民币。建设期间的基本预备费费率为 5%，价差预备费费率为 3%。流动资金估计为 5 000 万元人民币。

项目的资金来源可分为自有资金与贷款。项目的贷款计划为：建设期第一年贷款 3 000 万元人民币、350 万美元；建设期第二年贷款 4 000 万元人民币、400 万美元；建设期第三年贷款 2 000 万元人民币。贷款的人民币部分从中国建设银行获得，年利率为 10%(每半年计息一次)，贷款的外汇部分从中国银行获得，年利率为 8%(按年计息)。

项目的投资计划为：建设期第一年投入静态投资的 40%；建设期第二年投入静态投资的 40%；建设期第三年投入静态投资的 20%。

➡ 问题

1. 估算设备及工(器)具购置费用。
2. 估算建设期贷款利息。
3. 估算预备费。
4. 估算工厂建设的总投资。

📖 知识点

1. 设备购置费的概念与计算。
2. 名义利率与有效(实际)利率的概念与计算。
3. 年度均衡贷款的含义。
4. 建设期贷款利息的计算。
5. 基本预备费与价差预备费的计算。
6. 建设项目总投资的构成与计算。

⚙ 分析思路与参考答案

问题 1

进行设备与工(器)具购置费的估算，首先要搞清楚设备与工(器)具购置费的概念与计算方法。我们知道：

$$设备购置费＝设备原价＋设备运杂费$$
$$工(器)具及生产家具购置费＝设备购置费×定额费率$$
$$设备与工(器)具购置费＝设备购置费＋工(器)具及生产家具购置费$$

设备按来源可分为国产设备与进口设备。国产设备又可分为标准设备与非标准设备。

根据背景资料知，本案例仅涉及国产标准设备与进口设备。因此，需要确定国产标准设备与进口设备的原价。

（1）国产标准设备的原价有带备件与不带备件两种，本案例中给的是带备件的订货合同价（即原价），所以：

$$国产标准设备原价＝9\,500（万元人民币）$$

（2）进口设备原价为进口设备的抵岸价，其具体计算公式为

进口设备原价＝FOB价＋国际运费＋运输保险费＋银行财务费＋外贸手续费＋关税＋增值税＋消费税＋车辆购置附加费

由背景资料知：

1）FOB价＝装运港船上交货价＝900（万美元）×6＝5\,400（万元人民币）

2）国际运费＝1\,000×0.03（万美元）×6＝180（万元人民币）

3）依题意，本案例运输保险费＝FOB价×2‰＝5\,400×2‰＝10.8（万元人民币）

4）银行财务费＝FOB价×5‰＝5\,400×5‰＝27（万元人民币）

5）外贸手续费＝（FOB价＋国际运费＋运输保险费）×1.5%
　　　　＝（5\,400＋180＋10.8）×1.5%＝83.862（万元人民币）

6）关税＝（FOB价＋国际运费＋运输保险费）×25%
　　　　＝（5\,400＋180＋10.8）×25%＝1\,397.7（万元人民币）

7）消费税、车辆购置附加费由题意知不考虑。

8）增值税＝（FOB价＋国际运费＋运输保险费＋关税＋消费税）×17%
　　　　＝（5\,400＋180＋10.8＋1\,397.7）×17%＝1\,188.045（万元人民币）

进口设备原价＝FOB价＋国际运费＋运输保险费＋银行财务费＋外贸手续费＋关税＋增值税
　　　　＝5\,400＋180＋10.8＋27＋83.862＋1\,397.7＋1\,188.045
　　　　＝8\,287.407（万元人民币）

（3）进口设备运杂费＝运输费＋装卸费＋国内运输保险费＋设备现场保管费
　　　　＝1\,000×500×0.000\,1＋1\,000×0.005＋8\,287.407×1‰＋8\,287.407×2‰
　　　　＝79.862\,2（万元人民币）

（4）国产标准设备运杂费＝设备原价×设备运杂费费率
　　　　＝9\,500×3‰＝28.5（万元人民币）

（5）设备购置费＝设备原价＋设备运杂费
　　　　＝8\,287.407＋9\,500＋79.862\,2＋28.5＝17\,895.769\,2（万元人民币）

（6）工（器）具及生产家具购置费＝设备购置费×定额费率
　　　　＝17\,895.769\,2×4%＝715.830\,8（万元人民币）

（7）设备与工（器）具购置费＝设备购置费＋工（器）具及生产家具购置费
　　　　＝17\,895.769\,2＋715.830\,8＝18\,611.6（万元人民币）

问题2

建设期贷款利息是指项目从动工兴建起至建成投产为止这段时间内，用于项目建设而贷款所产生的利息，不包括项目建成投产后的贷款利息。在计算贷款利息时，要把握两点：

一是各年的贷款均是按年度均衡发放考虑的；二是要注意年贷款的计息次数，将名义利率转化为有效利率。

（1）人民币贷款部分利息。人民币贷款所给的计息方式是每半年计息一次，所以年利率10%实际是名义利率，因此，要先将其转化成有效年利率，然后以有效年利率计算各年的贷款利息。

1）求有效年利率。

$$有效年利率＝\left(1＋\frac{名义年利率}{年计息次数}\right)^{年计息次数}－1$$

$$＝\left(1＋\frac{10\%}{2}\right)^2－1＝10.25\%$$

2）建设期各年贷款利息。建设期各年的贷款均按年度均衡贷出考虑，如第一年在建行贷款总额是 3 000 万元人民币，但并不是在年初一次性贷出的，而是在这一年的每个月都平均贷出 $\frac{3\ 000}{12}$ 万元人民币。这是因为在年初一次性贷出，将会使建设单位付出过多的利息。因此，计算贷款当年的利息时要注意这一点。

第一年贷款利息＝$3\ 000×\frac{1}{2}×10.25\%＝153.75$（万元人民币）

第二年贷款利息＝$\left(3\ 000＋153.75＋4\ 000×\frac{1}{2}\right)×10.25\%$

$＝528.259\ 4$（万元人民币）

第三年贷款利息＝$\left(3\ 000＋153.75＋4\ 000＋528.259\ 4＋2\ 000×\frac{1}{2}\right)×10.25\%$

$＝889.906$（万元人民币）

建设期贷款利息＝$153.75＋528.259\ 4＋889.906＝1\ 571.915\ 4$（万元人民币）

（2）外汇贷款部分利息。本案例中的外汇贷款计息次数是每年计息一次，因此所给的年利率8%是实际年利率。利息计算时也按年度均衡贷款考虑。

第一年贷款利息＝350（万美元）$×6×\frac{1}{2}×8\%＝84$（万元人民币）

第二年贷款利息＝$\left(350×6＋84＋400×6×\frac{1}{2}\right)×8\%$

$＝270.72$（万元人民币）

第三年贷款利息＝$(350×6＋84＋400×6＋270.72)×8\%$

$＝388.377\ 6$（万元人民币）

建设期贷款利息＝$84＋270.72＋388.377\ 6＝743.097\ 6$（万元人民币）

计算时注意：

1）货币单位的转化；

2）第三年尽管没有贷款，但第一、二年的贷款本金与利息并没有还银行，因此产生利息。

（3）建设期贷款总利息。

建设期贷款总利息＝人民币贷款利息＋外汇贷款利息

$＝1\ 571.915\ 4＋743.097\ 6＝2\ 315.013$（万元人民币）

问题3

预备费包括基本预备费和价差预备费两个方面。

(1)基本预备费是指在初步设计及概算内难以预料的工程费用。如设计变更、局部地基处理增加的费用，预防自然灾害所采取的措施费用，为鉴定工程质量对隐蔽工程进行必要的挖掘和修复费用等。

基本预备费＝(设备及工器具购置费＋建安工程费＋工程建设其他费)×基本预备费费率

$$＝(18\ 611.6＋8\ 000＋5\ 000)×5\%＝1\ 580.58(万元人民币)$$

(2)价差预备费是指工程项目在建设期间内由于价格等变化引起工程造价变化的预测预留费用。价差预备费的计算基数是"设备及工(器)具购置费＋建筑安装工程费＋工程建设其他费＋基本预备费"，即静态投资。价差预备费按式(2-20)计算。

本案例中的：设备及工(器)具购置费＋建筑安装工程费＋工程建设其他费＋

基本预备费

$$＝18\ 611.6＋8\ 000＋5\ 000＋1\ 580.58＝33\ 192.18(万元人民币)$$

第一年价差预备费为：$33\ 192.18×40\%×[(1＋3\%)－1]＝398.306\ 2(万元)$

第二年价差预备费为：$33\ 192.18×40\%×[(1＋3\%)^2－1]＝808.561\ 5(万元)$

第三年价差预备费为：$33\ 192.18×20\%×[(1＋3\%)^3－1]＝615.562\ 3(万元)$

价差预备费＝$398.306\ 2＋808.561\ 5＋615.562\ 3＝1\ 822.43(万元)$

(3)预备费＝基本预备费＋价差预备费

$$＝1\ 580.58＋1\ 822.43＝3\ 403.01(万元)$$

问题 4

建设项目总投资＝固定资产投资＋流动资产投资

固定资产投资＝设备及工(器)具购置费＋建筑安装工程费＋工程建设其他费＋预备费＋建设期贷款利息

流动资产投资＝流动资金

(1)固定资产投资。

1)设备及工(器)具购置费＝18 611.6(万元人民币)

2)建筑安装工程费＝8 000(万元人民币)

3)工程建设其他费＝5 000(万元人民币)

4)预备费＝3 403.01(万元)

5)建设期贷款利息＝2 315.013(万元人民币)

固定资产投资＝18 611.6＋8 000＋5 000＋3 403.01＋2 315.013

$$＝37\ 329.623(万元人民币)$$

(2)流动资产投资。

流动资产投资为 5 000(万元人民币)。

(3)建设项目总投资。

建设项目总投资＝37 329.623＋5 000＝42 329.623(万元人民币)

第 3 章

决策阶段计价

⊕ **本章主要内容**

1. 决策的含义及效益评价的概念；

2. 投资估算：投资估算的内容、精度与用途，固定资产投资估算的方法及应用，流动资金的分项详细估算法及应用，投资估算文件的构成；

3. 财务评价原理及应用：财务评价程序与内容、全部投资现金流量表的编制方法与应用、损益表的编制方法与应用；

4. 财务评价指标：财务盈利能力评价指标的构成与计算，固定资产借款还本付息表的编制方法与应用，资产负债率、流动比率、速动比率的概念与计算；

5. 综合应用示例。

决策在工程项目建设中包括两重含义：一是决定工程项目建还是不建；二是如果决定建，将以什么标准来建。

对拟建项目进行决策，一般需要进行可行性分析，估算项目的投资，并对项目将来可能产生的经济效益和社会效益进行评价。对项目进行的经济效益评价通常被称为项目财务评价；对项目进行的社会效益评价通常被称为国民经济评价。

一般来说，政府投资建设的项目往往侧重于社会效益，如我国的三峡工程建设。而企业和个人投资建设的项目往往更看重项目本身所产生的经济效益，如一个房地产商开发楼盘的目的是想获得利润，在进行房地产开发项目的可行性研究时就会重点关注财务分析部分。

3.1 投资估算

项目投资估算是指在项目建设的投资决策中，采用适当的方法，对项目的投资数额进行的估计。

3.1.1　投资估算概述

1. 投资估算内容

建设项目的投资估算主要包括固定资产投资估算和流动资金投资估算两部分。

(1)固定资产投资包括设备及工器具购置费、建筑安装工程费、工程建设其他费、基本预备费、价差预备费、建设期贷款利息。其中，建筑安装工程费、设备及工(器)具购置费形成实体固定资产；基本预备费、价差预备费、建设期贷款利息计入固定资产；工程建设其他费可分别形成固定资产、无形资产及其他资产。

(2)流动资金投资是指生产性项目建成投产后，用于购买原材料、燃料、支付工资及其他经营费用等所需的周转资金。

2. 投资估算精度

我国的投资估算主要分为项目规划、项目建议书、初步可行性研究、详细可行性研究四个阶段。

(1)项目规划阶段。项目规划阶段是指有关部门和单位，根据国民经济发展规划、地区发展规划和行业发展规划的要求，编制一个建设项目的建设规划。此阶段仅需粗略地估计建设项目所需的投资额。投资估算误差可大于±30%。

(2)项目建议书阶段。项目建议书阶段投资估算，是按建议书中确定的建设规模、产品方案、主要生产工艺、初选建设地点等估算项目所需的投资额。投资估算的误差应控制在±30%以内。

(3)初步可行性研究阶段。初步可行性研究阶段的投资估算是在掌握更详细、深入的资料条件下，估算建设项目所需的投资额。投资估算的误差应控制在±20%以内。

(4)详细可行性研究阶段。详细可行性研究阶段的投资估算，经审查批准之后，便是工程设计任务书中规定的投资限额，并据此列入年度建设计划。投资估算的误差应控制在±10%以内。

3. 投资估算用途

(1)项目建议书阶段的投资估算，是项目主管部门审批项目建议书的主要依据之一，并对项目的建设规模产生直接影响。

(2)项目可行性研究阶段的投资估算，是项目投资决策的重要依据。

(3)当可行性研究报告被批准后，批准的投资估算值即为项目建设投资的最高限额，其后的设计概算不得突破投资估算额。

(4)批准的投资估算值，将作为项目建设资金筹措和制订贷款计划的依据。

3.1.2　固定资产投资估算

固定资产投资可分为静态投资与动态投资两个部分。固定资产的静态投资包括设备及工(器)具购置费、建筑安装工程费、工程建设其他费、基本预备费，固定资产的动态投资包括价差预备费、建设期贷款利息。

固定资产投资估算在不同的阶段因精度要求不同，所采用的估算方法也不同。在项目规划与项目建议书阶段，投资估算的精度要求低，可采用简单、易行的方法进行。在可行性研究阶段，尤其是详细可行性研究阶段，投资估算的精度要求高，则需要采用详细、复杂的方法进行，以满足估算精度的要求。

1. 静态投资估算

固定资产静态部分的投资估算，要按某一确定的时间来进行，一般以开工的前一年为基准年，以这一年的价格为依据估算，否则就会失去基准作用。

（1）单位建筑面积估算法。单位建筑面积估算法主要用于估算项目规划与建议书阶段的一般民用建筑的静态投资，如住宅、教学楼等。该方法是根据已建成的、类似的建设项目的单位建筑面积静态投资来估算拟建项目的静态投资。

单位建筑面积估算法的优点是计算简单、快速，但估算误差较大。

【例 3-1】 K 公司拟建 2 座建筑面积均为 9 500 m² 的办公楼，现获得了本地 1 栋 8 个月前建成的类似办公楼的相关资料：该楼建筑面积为 11 000 m²、静态投资为 3 700 万元人民币。

试估算 K 公司拟建 2 座办公楼的静态投资。

【解】

1）已建类似办公楼的单位建筑面积静态投资为：

$$\frac{3\ 700}{11\ 000} = 0.336\ 4(\text{万元}/\text{m}^2)$$

2）拟建 2 座办公楼的静态投资估算总额为

$$0.336\ 4 \times 9\ 500 \times 2 = 6\ 391.6(\text{万元})$$

（2）生产能力指数法。生产能力指数法是根据已建成的、性质类似的建设项目的投资额和生产能力及拟建项目的生产能力估算拟建项目的投资额。该方法主要用于估算工业生产性建筑的静态投资，精度可达 ±20%，其计算公式为

$$C_2 = C_1 \left(\frac{Q_2}{Q_1}\right)^x \cdot f \tag{3-1}$$

式中　C_1——已建成类似建设项目的投资额；

　　　C_2——拟建建设项目的投资额；

　　　Q_1——已建成类似建设项目的生产能力；

　　　Q_2——拟建建设项目的生产能力；

　　　x——生产能力指数（$0 \leqslant x \leqslant 1$）；

　　　f——不同时期、不同地点的定额、单价、费用和其他差异的综合调整系数。

【例 3-2】 某化工集团公司拟建一座年产 100 万吨 A 产品的加工厂，该集团获得了一座 2016 年建于甲地的年产 60 万吨 A 产品的加工厂，当时的静态投资额为 65 000 万元人民币，设生产能力指数为 0.7，综合调整系数为 1.15。估算：

1）拟建加工厂的静态投资额；

2）若将拟建加工厂的生产能力提高一倍，静态投资额将增加多少？

【解】

1）拟建加工厂的静态投资额为

$$C_2 = C_1 \left(\frac{Q_2}{Q_1}\right)^x f$$

$$= 65\ 000 \times \left(\frac{100}{60}\right)^{0.7} \times 1.15 = 106\ 882.185(\text{万元})$$

2)将拟建加工厂的生产能力提高一倍,投资额将增加:

$$65\,000 \times \left(\frac{2 \times 100}{60}\right)^{0.7} \times 1.15 - 65\,000 \times \left(\frac{100}{60}\right)^{0.7} \times 1.15 = 66\,748.437(万元)$$

由此可见,拟建加工厂的生产能力提高了一倍,但投资额却只增加了 $66\,748.437 \div 106\,882.185 = 0.624\,5$ 倍,投资额并没有随着生产能力的提高呈线性增加,这种现象在经济学中被称为规模效益递增。

(3)设备系数法。设备系数法是以拟建项目的设备费为基数,根据已建成的同类项目的建筑安装工程费和其他工程费占设备价值的百分比,求出拟建项目建筑安装工程费和其他工程费,进而求出建设项目总投资。其计算公式为

$$C = E(f + f_1 P_1 + f_2 P_2 + f_3 P_3 + \cdots) + I \tag{3-2}$$

式中 C——拟建项目的总投资;

E——根据拟建项目的设备清单按已建项目当时、当地的价格计算的设备费;

P_1、P_2、P_3……——已建项目中建筑、安装及其他工程费用等占设备费的百分比;

f、f_1、f_2、f_3……——因时间因素引起的定额、价格、费用标准等变化的综合调整系数;

I——拟建项目的其他费用。

采用设备系数法估算需要的基础数据量大,原始资料收集不易,一般用于估算投资量大、有可供参考对象且原始数据便于收集的拟建工业项目。

【例 3-3】 深圳某企业拟建一年产 100 万吨 B 产品的工厂,现获得济南 2016 年 7 月投产的年产 40 万吨 B 产品类似厂的建设投资资料。济南类似厂的设备费为 25 000 万元,建筑工程费为 12 000 万元,安装工程费为 8 000 万元,工程建设其他费为 9 000 万元。若拟建厂的其他费用为 8 500 万元,考虑拟建厂与已建厂因建设地点、建设时间不同导致的对设备费、建筑工程费、安装工程费、工程建设其他费的综合调整系数分别为 1.15、1.25、1.1、1.2,生产能力指数为 0.6。试估算拟建厂的静态投资。

【解】

1)已建厂建筑工程费、安装工程费、工程建设其他费占设备费的百分比为

建筑工程费占比:$\dfrac{12\,000}{25\,000} = 48\%$

安装工程费占比:$\dfrac{8\,000}{25\,000} = 32\%$

工程建设其他费占比:$\dfrac{9\,000}{25\,000} = 36\%$

2)估算拟建厂的静态投资为

$C = E(f + f_1 P_1 + f_2 P_2 + f_3 P_3 + \cdots) + I$

$= 25\,000 \times \left(\dfrac{100}{40}\right)^{0.6} \times (1.15 + 1.25 \times 48\% + 1.1 \times 32\% + 1.2 \times 36\%) + 8\,500$

$= 118\,276.814\,5(万元)$

(4)朗格系数法。朗格系数法是以设备费为基础,乘以适当系数来推算项目的静态投资。其计算公式为

$$C = E(1 + \sum K_i)K_c \tag{3-3}$$

式中 C——建设项目静态投资;

E——主要设备费；

K_i——管线、仪表、建筑物等项费用的估算系数；

K_c——管理费、合同费、应急费等项目费用的总估算系数。

静态投资与设备费用之比为朗格系数。即

$$K_L = (1 + \sum K_i)K_c \tag{3-4}$$

朗格系数包含的内容见表3-1。

表 3-1 朗格系数包含的内容

项 目		固体流程	固流流程	流体流程
朗格系数 K_L		3.1	3.63	4.74
内容	(a)包括基础、设备、绝热、油漆及设备安装	$E \times 1.43$		
	(b)包括上述在内和配管工程费	(a)×1.1	(a)×1.25	(a)×1.6
	(c)装置直接费	(b)×1.5		
	(d)包括上述在内和间接费	(c)×1.31	(c)×1.35	(c)×1.38

表3-1中的各种流程指的是产品加工流程中使用的材料分类。固体流程是指加工流程中材料为固体形态；流体流程是指加工流程中材料为流体(气、液、粉体等)形体；固流流程是指加工流程中材料为固体形态和流体形态的混合。

该方法估算精度不太高，但由于估算时不需要过多的原始数据，计算简单且能够快速得到最终结果，因此是世界银行进行工业项目投资估算常采用的方法。

【例3-4】 某地拟建一座生产洗衣机的工厂，已知该拟建厂的设备到达工地的费用为40 000万元，试用朗格系数法估算该拟建厂的：基础、绝热、油漆及设备安装费；配管工程费；直接费；间接费；静态总投资。

【解】

因洗衣机加工过程中使用的材料为固体形态，所以选择表3-1中的固体流程。

1)拟建厂的基础、绝热、油漆及设备安装费。其计算公式为

40 000×1.43−40 000=17 200(万元)

2)拟建厂的配管工程费。其计算公式为

40 000×1.43×1.1−40 000×1.43=5 720(万元)

3)拟建厂的直接费。其计算公式为

40 000×1.43×1.1×1.5=94 380(万元)

4)拟建厂的间接费。其计算公式为

40 000×1.43×1.1×1.5×1.31−40 000×1.43×1.1×1.5=29 257.8(万元)

5)拟建厂的静态总投资。其计算公式为

40 000×1.43×1.1×1.5×1.31=123 637.8(万元)

或 40 000×3.1=124 000(万元)

(5)指标估算法。指标估算法是精度较高的静态投资估算方法，主要用于详细可行性研究阶段。这种方法是对组成建设项目静态投资的设备及工(器)具购置费、建筑工程费、安装工程费、工程建设其他费、基本预备费分别进行估算，然后汇总成建设项目的静态投资。指标估算法一般采用表格的形式进行计算。

1)设备及工(器)具购置费的估算可采用2.1节中的方法进行。对于价值高的设备应按

台(套)估算购置费，价值较小的设备可按类估算，国内设备与进口设备应分别估算，形成设备及工(器)具购置费估算表。

2)建筑工程费一般采用单位投资估算法。单位投资估算法是用单位工程投资量乘以工程总量计算，例如，房屋建筑用单位建筑面积投资(元/m²)估算、水坝以单位长度投资(元/m)估算、铁路路基以单位长度投资(元/km)估算、土石方工程以每立方米投资(元/m³)估算。

3)安装工程费可根据安装工程定额中的安装费率或安装费用指标进行估算，具体计算公式为

$$安装工程费 = 设备原价 \times 安装费费率 \tag{3-5}$$

$$安装工程费 = 安装工程实物量 \times 安装费用指标 \tag{3-6}$$

4)工程建设其他费按各项费用科目的费率或取费标准估算。

5)基本预备费按式(2-19)估算。

2. 动态投资估算

建设项目的动态投资包括价格变动可能增加的投资额、建设期贷款利息等，如果是涉外项目，还应计算汇率的影响。在实际估算时，主要考虑价差预备费、建设期贷款利息、汇率变化三个方面。

价差预备费、建设期贷款利息已在2.3节讨论过，这里不再重复。

汇率变化对涉外建设项目动态投资的影响主要体现在升值与贬值上。外币对人民币升值，会导致从国外市场上购买材料设备所支付的外币金额不变，但换算成人民币的金额增加。估计汇率的变化对建设项目投资的影响，是通过预测汇率在项目建设期内的变动程度，以估算年份的投资额为基数计算求得。

3.1.3　流动资金投资估算

流动资金是指经营性项目(工业或商业类项目)投产后，为进行正常运营，用于购买原材料、燃料，支付工资及其他运营费用等所用的周转资金。

在经营性项目决策阶段，为了保证项目投产后能正常运营，往往需要有一笔最基本的周转资金，这笔最基本的周转资金被称为铺底流动资金。铺底流动资金一般为流动资金总额的30%，其在项目正式建设前就应该落实。

流动资金估算一般采用分项详细估算法，遇到个别情况或小型项目可采用扩大指标法。

1. 分项详细估算法

分项详细估算法是对构成流动资金的各项流动资产与流动负债分别进行估算。其计算公式为

$$流动资金 = 流动资产 - 流动负债 \tag{3-7}$$

$$流动资产 = 现金 + 应收账款 + 预付账款 + 存货 \tag{3-8}$$

$$流动负债 = 应付账款 + 预收账款 \tag{3-9}$$

(1)现金估算。项目流动资金中的现金是指货币资金，即企业生产运营活动中停留于货币形态的那部分资金，包括企业库存现金和银行存款。

$$现金 = \frac{年工资及福利费 + 年其他费用}{现金周转次数} \tag{3-10}$$

$$年其他费用 = 制造费用 + 管理费用 + 营业费用 - (以上三项费用中所含的工资及福利费、折旧费、摊销费、修理费) \tag{3-11}$$

(2)应收账款估算。应收账款是指企业对外赊销商品、提供劳务尚未收回的资金。

$$应收账款=\frac{年经营成本}{应收账款周转次数} \tag{3-12}$$

(3)预付账款估算。预付账款是指企业为购买各种材料、半成品或服务预先支付的款项。

$$预付账款=\frac{购买商品或服务年费用}{预付账款周转次数} \tag{3-13}$$

(4)存货估算。存货是企业为销售或生产耗用而储备的各种物资，主要有原材料、辅助材料、燃料、低值易耗品、维修备件、包装物、在产品、自制半成品和产成品等。为简化计算，仅考虑外购原材料、燃料，其他材料，在产品和产成品，并分项进行计算。

$$存货=外购原材料、燃料+其他材料+在产品+产成品 \tag{3-14}$$

$$外购原材料、燃料=\frac{年外购原材料、燃料费用}{分项周转次数} \tag{3-15}$$

$$其他材料=\frac{年其他材料费用}{其他材料周转次数} \tag{3-16}$$

$$在产品=\frac{年外购原材料、燃料费+年工资及福利费+年修理费+年其他制造费}{在产品周转次数} \tag{3-17}$$

$$产成品=\frac{年经营成本-年其他营业费}{产成品周转次数} \tag{3-18}$$

(5)流动负债估算。流动负债是指在一年或超过一年的一个营业周期内，需要偿还的各种债务，包括短期借款、应付票据、应付账款、预收账款、应付工资、应付福利费、应付股利、应交税金、其他暂收应付款、预提费用和一年内到期的长期借款等。

在可行性研究中，流动负债的估算只考虑应付账款和预收账款。

$$应付账款=\frac{年外购原材料、燃料动力费+年其他材料费}{应付账款周转次数} \tag{3-19}$$

$$预收账款=\frac{预收的营业收入年金额}{预收账款周转次数} \tag{3-20}$$

(6)周转次数。周转次数是指流动资金中各组成项目在一个经营年度内可以周转多少次，一般一个经营年度按360天考虑，不同的组成项目需分别估算最低周转天数。

$$周转次数=\frac{360\ 天}{最低周转天数} \tag{3-21}$$

【例3-5】 某农用机具生产企业定员400人，该企业年均工资及福利费计划9万元/(人·年)，每年的其他费用总计约为2 800万元，年经营成本为9 000万元，年修理费占年经营成本的10%，年其他制造费为600万元，年其他营业费为400万元，购买商品或服务年费用为8 000万元(其中：外购原材料燃料动力费5 000万元、外购其他材料费为2 200万元、外购服务费为800万元)，年预收营业收入估计为1 100万元。各项流动资金的最低周转天数分别为：应收账款30天，预付账款30天，现金40天，存货40天，应付账款30天，预收账款40天。试用分项详细估算法估算该企业的流动资金。

【解】

1)现金估算。其计算式为

$$现金=\frac{年工资及福利费+年其他费用}{现金周转次数}=\frac{9×400+2\ 800}{360/40}=711.111\ 1(万元)$$

2)应收账款估算。其计算式为

$$应收账款=\frac{年经营成本}{应收账款周转次数}=\frac{9\ 000}{360/30}=750(万元)$$

3)预付账款估算。其计算式为

$$预付账款=\frac{购买商品或服务年费用}{预付账款周转次数}=\frac{8\ 000}{360/30}=666.666\ 7(万元)$$

4)存货估算。因存货周转天数为40天,故其所含各项的周转次数均为360/40=9(次),则:

①外购原材料、燃料$=\frac{5\ 000}{9}=555.555\ 6(万元)$

②外购其他材料$=\frac{2\ 200}{9}=244.444\ 4(万元)$

③在产品$=\frac{年外购原材料、燃料+年工资及福利+年修理费+年其他制造费}{在产品周转次数}$

$$=\frac{5\ 000+9\times400+9\ 000\times10\%+600}{9}=1\ 122.222\ 2(万元)$$

④产成品$=\frac{年经营成本-年其他营业费}{产成品周转次数}=\frac{9\ 000-400}{9}=955.555\ 6(万元)$

⑤存货=外购原材料、燃料+外购其他材料+在产品+产成品

$$=555.555\ 6+244.444\ 4+1\ 122.222\ 2+955.555\ 6=2\ 877.777\ 8(万元)$$

5)应付账款估算。其计算式为

$$应付账款=\frac{年外购原材料、燃料动力费+年其他材料费}{应付账款周转次数}=\frac{5\ 000+2\ 200}{360/30}=600(万元)$$

6)预收账款估算。其计算式为

$$预收账款=\frac{预收的营业收入年金额}{预收账款周转次数}=\frac{1\ 100}{360/40}=122.222\ 2(万元)$$

7)流动资金估算。其计算式如下:

①流动资产=现金+应收账款+预付账款+存货

$$=711.111\ 1+750+666.666\ 7+2\ 877.777\ 8=5\ 005.555\ 6(万元)$$

②流动负债=应付账款+预收账款

$$=600+122.222\ 2=722.222\ 2(万元)$$

③流动资金=流动资产-流动负债

$$=5\ 005.555\ 6-722.222\ 2=4\ 283.333\ 4(万元)$$

采用分项详细估算法应注意以下问题:

(1)应根据项目实际情况分别确定现金、应收账款、预付账款、存货、应付账款、预收账款的最低周转天数,并考虑一定的保险系数。

(2)不同生产负荷下的流动资金是按相应负荷时的各项费用金额和给定的公式计算出来的,不能按100%负荷下的流动资金乘以负荷百分数求得。

(3)流动资金属于长期性资金,流动资金的筹措可通过长期负债和资本金(权益融资)的方式解决。流动资金借款所产生的利息于借款当年年末偿还并计入项目财务费用,借款本金保留。项目计算期末收回全部流动资金本金,并还清流动资金借款的全部本金。

2. 扩大指标估算法

扩大指标估算法是根据现有同类企业的实际资料，求出各种流动资金率指标，也可采用行业或部门给定的参考值或经验确定比率。将各类流动资金乘以相应的费用基数来估算流动资金。常用的基数有销售收入、经营成本、总成本或固定资产投资等。该方法简便易行，但准确度不高，适用于项目建议书阶段的投资估算。

3.1.4 投资估算文件

根据《建设项目投资估算编审规程》(CECA/GC1—2015)规定，单独成册的投资估算文件应包括封面、签署页、目录、编制说明、有关附表等。投资估算文件一般需要编制投资估算表、建设期利息估算表、流动资金估算表、单项工程投资估算汇总表、总投资估算汇总表和分年总投资计划表等。

1. 总投资估算汇总表

总投资估算汇总表见表 3-2。该表是对建设项目的工程费用、工程建设其他费用、预备费、建设期利息和流动资金的整体汇总。总投资估算汇总表中工程费用的内容应分解到主要单项工程，工程建设其他费用可分项计算。

表 3-2 总投资估算表

序号	费用名称	估算价值/万元					技术经济指标			
		建筑工程费	设备购置费	安装工程费	其他费用	合计	单位	数量	单位价值	比例/%
1	工程费用									
1.1	主要生产系统									
1.1.1	××车间									
1.1.2	××车间									
1.1.3	……									
1.2	辅助生产系统									
1.2.1	××车间									
1.2.2	××仓库									
1.2.3	……									
1.3	公用及福利设施									
1.3.1	变电所									
1.3.2	锅炉房									
1.3.3	……									
1.4	外部工程									
1.4.1	××工程									
1.4.2	……									
	小计									
2	工程建设其他费									
2.1	……									
	小计									

序号	费用名称	估算价值/万元					技术经济指标			
		建筑工程费	设备购置费	安装工程费	其他费用	合计	单位	数量	单位价值	比例/%
3	预备费									
3.1	基本预备费									
3.2	价差预备费									
	小计									
4	建设期利息									
5	流动资金									
	投资估算合计/万元									
	比例/%									

2. 分年投资计划表

估算出项目总投资后，应根据项目计划进度的安排，编制出分年投资计划表，见表 3-3。该表中的分年建设投资可作为安排融资、估算建设期利息的基础。

表 3-3   分年投资计划表

序号	项目	人民币			外币		
		第 1 年	第 2 年	…	第 1 年	第 2 年	…
1	分年计划/%						
2	建设投资						
3	建设期利息						
4	流动资金						
	项目投入总资金						

3.2 财务评价

决策阶段的财务评价是在拟建项目的详细可行性研究阶段，根据国家现行财税制度，通过估算（或计划）的投入数据与期望（或预测）的产出数据，编制财务报表，计算财务评价指标，考察项目营利能力、清偿能力以及外汇平衡能力等财务状况，据以判别项目的财务可行性。

财务评价属于建设项目经济评价中的微观层次，它主要从投资主体的角度分析项目可以给投资主体带来的经济效益以及投资风险。作为市场经济微观主体的企业进行投资时，一般都进行项目财务评价。

建设项目经济评价中的另一个层次是国民经济评价，它是一种宏观层次的评价，一般只对某些在国民经济中有重要作用和影响的大中型重点建设项目以及特殊行业和交通运输、水利等基础性、公益性建设项目展开国民经济评价。

3.2.1 财务评价程序与内容

1. 财务评价程序

(1)估算建设项目的现金流量；

(2)编制基本财务报表；

(3)计算财务评价指标，进行初步评价；

(4)进行不确定性分析；

(5)进行风险分析；

(6)得出评价结论。

2. 财务评价内容

财务评价内容、报表与评价指标见表3-4。

表3-4 财务评价内容、报表与评价指标

财务评价内容	财务评价基本报表	财务评价评价指标	
		静态指标	动态指标
盈利能力分析	全部投资现金流量表	全部投资回收期	财务内部收益率 财务净现值
	自有资金现金流量表		财务内部收益率 财务净现值
	损益表	投资利润率 投资利税率 资本金利润率	
偿债能力分析	资金来源与资金运用表	借款偿还分析	
	资产负债表	资产负债率 流动比率 速动比率	
外汇平衡分析	财务外汇平衡表		
不确定性分析	盈亏平衡分析	盈亏平衡产量 盈亏平衡生产能力利用率	
	敏感性分析	灵敏度 不确定因素的临界值	
风险分析	概率分析	NPV≥0 的累计概率 定性分析	

3.2.2 财务评价基本报表

1. 现金流量表

建设项目的现金流量表是用表格形式反映项目在计算期内各年的现金流入、流出发生的时点顺序，用以计算项目的各项静态和动态评价指标，进行项目财务盈利分析。

按投资计算基础的不同，现金流量表可分为全部投资现金流量表和自有资金现金流量表两种类型。

（1）全部投资现金流量表。全部投资现金流量表不分投资来源，是站在全部投资的角度对项目现金流量系统的表格式反映。表中数字按照"年末习惯法"填写，即表中的所有数据均认为是所对应年的年末值。报表格式见表3-5。

表 3-5　财务现金流量表（全部投资）

序号	项目	合计	建设期		投产期		达产期			
			1	2	3	4	5	6	……	n
	生产负荷/%									
1	现金流入									
1.1	产品销售收入									
1.2	回收固定资产余值									
1.3	回收流动资金									
1.4	其他收入									
2	现金流出									
2.1	固定资产投资									
2.2	流动资金									
2.3	经营成本									
2.4	销售税金及附加									
2.5	所得税									
3	净现金流量（1－2）									
4	累计净现金流量									
5	所得税前净现金流量（3＋2.5）									
6	所得税前累计净现金流量									

计算指标：所得税前　　　　　　　　　　　　所得税后

财务内部收益率 $FIRR=$　　　　　　　　财务内部收益率 $FIRR=$

财务净现值 $FNPV(i_c=$　%$)=$　　　　财务净现值 $FNPV(i_c=$　%$)=$

投资回收期 $P_t=$　　　　　　　　　　　投资回收期 $P_t=$

【例3-6】　某拟建项目计划建设期为2年，运营期为10年，运营期第一年的生产能力达到设计生产能力的80%、第二年达100%。

建设期第一年投资1 000万元，第二年投资1 200万元，投资全部形成固定资产，固定资产使用寿命12年，残值为400万元，按直线折旧法计提折旧。流动资金在建设期第二年年末与运营期第一年年末分别投入300万元、400万元。

运营期第一年的销售收入为1 200万元，经营成本为450万元，总成本为600万元。第二年以后各年的销售收入均为1 600万元，经营成本均为550万元，总成本均为750万元。产品销售税金及附加税税率为6%，所得税税率为33%，行业基准收益率为10%。试求：

1）计算运营期各年的所得税；

2）编制全部投资现金流量表。

【解】

1）计算运营期各年的所得税。所得税计算的关键是要搞清楚纳税基数的概念。所得税的纳税基数是产品销售收入减总成本再减销售税金及附加，也被称为税前利润。所得税必须按年计算，且只是在企业具有税前利润的前提下才交纳。

$$所得税＝(销售收入－总成本－销售税金及附加)×所得税税率$$

运营期第一年的所得税为

$$(1\ 200－600－1\ 200×6\%)×33\%＝174.24≈174(万元)$$

运营期第二年至第十年每年的所得税为

$$(1\ 600－750－1\ 600×6\%)×33\%＝248.82≈249(万元)$$

建设期两年因无收入，所以不交所得税。

2)编制全部投资现金流量表。编制现金流量表要注意以下几点：

①现金流量表的形式可参照表3-5。

②销售收入发生在运营期的各年。

③回收固定资产余值发生在运营期的最后一年。填写该值时需要注意，固定资产余值并不是残值，它是固定资产原值减去已提折旧的剩余值，即

$$固定资产余值＝固定资产原值－已提折旧$$

本例的折旧采用直线折旧法，因此

$$年折旧额＝\frac{固定资产原值－残值}{折旧年限}$$

$$＝\frac{1\ 000＋1\ 200－400}{12}＝150(万元)$$

则固定资产余值为

$$(1\ 000＋1\ 200)－150×10＝700(万元)$$

④回收流动资金发生在运营期的最后一年，流动资金应全额回收。

⑤现金流入＝销售收入＋回收固定资产余值＋回收流动资金。

⑥固定资产投资发生在建设期的各年，流动资金发生在投入年，经营成本发生在运营期的各年，销售税金及附加发生在运营期的各年(销售收入×6%)，所得税发生在运营期的盈利年。

⑦现金流出＝固定资产投资＋流动资金＋经营成本＋销售税金及附加＋所得税。

⑧净现金流量＝现金流入－现金流出。

本例编制的全部投资现金流量表见表3-6。

表3-6　全部投资现金流量表

序号	项目	建设期		运营期									
		1	2	3	4	5	6	7	8	9	10	11	12
	生产负荷/%			80%	100%	100%	100%	100%	100%	100%	100%	100%	100%
1	现金流入			1 200	1 600	1 600	1 600	1 600	1 600	1 600	1 600	1 600	3 000
1.1	销售收入			1 200	1 600	1 600	1 600	1 600	1 600	1 600	1 600	1 600	1 600
1.2	回收固定资产余值												700
1.3	回收流动资金												700
2	现金流出	1 000	1 500	1 096	895	895	895	895	895	895	895	895	895
2.1	固定资产投资	1 000	1 200										
2.2	流动资金		300	400									
2.3	经营成本			450	550	550	550	550	550	550	550	550	550

序号	项目	建设期		运营期									
		1	2	3	4	5	6	7	8	9	10	11	12
2.4	销售税金及附加			72	96	96	96	96	96	96	96	96	96
2.5	所得税			174	249	249	249	249	249	249	249	249	249
3	净现金流量	−1 000	−1 500	104	705	705	705	705	705	705	705	705	2 105

(2)自有资金现金流量表。自有资金现金流量表是站在项目投资主体角度考察项目的现金流入流出情况，报表格式见表 3-7。

从项目投资主体角度看，借款是现金流入，但又同时将借款用于投资则构成同一时点、相同数额的现金流出，二者相抵，对净现金流量的计算无影响。因此，表中投资只计自有资金。另一方面，现金流入又是因项目全部投资所获得，故应将借款本金的偿还及利息支付计入现金流量。

表 3-7 财务现金流量表(自有资金)

序号	项目	合计	建设期		投产期		达产期			
			1	2	3	4	5	6	…	n
1	生产负荷/%									
1	现金流入									
1.1	产品销售收入									
1.2	回收固定资产余值									
1.3	回收流动资金									
1.4	其他收入									
2	现金流出									
2.1	自有资金									
2.2	借款本金偿还									
2.3	借款利息支出									
2.4	经营成本									
2.5	销售税金及附加									
2.6	所得税									
3	净现金流量(1−2)									
计算指标：财务内部收益率 $FIRR=$ 财务净现值 $FNPV(i_c=\quad\%)=$										

2. 损益表

损益表反映项目计算期内各年的利润总额、所得税及税后利润的分配情况。损益表是以利润总额的计算过程为基础编制的。报表格式见表 3-8。

(1)销售税金及附加指的是价内税，即在产品销售价格中已经包括了该项税，消费者在购买商品时就交了税。

(2)表中序号 4 的利润总额通常称为税前利润，这里所说的税指的是所得税。利润总额是计算所得税的基数。

(3)表中法定盈余公积金按照税后利润扣除用于弥补损失金额后的 10% 提取，盈余公积金已达注册资金 50% 时可以不再提取。公益金主要用于企业的职工集体福利设施支出。

（4）应付利润为向投资者分配的利润。

（5）未分配利润主要指向投资者分配完利润后剩余的利润，可用于偿还固定资产投资借款及弥补以前年度亏损。

表 3-8　损益表

序号	项目	投产期	达产期			合计
	生产负荷/%					
1	销售（营业）收入					
2	销售税金及附加					
3	总成本费用					
4	利润总额（1－2－3）					
5	所得税（33%）					
6	税后利润（4－5）					
7	弥补损失					
8	法定盈余公积金（10%）					
9	公益金（5%）					
10	应付利润					
11	未分配利润（6－7－8－9－10）					
12	累计未分配利润					

【例 3-7】　某企业注册资金为 800 万元，运营期第一年的销售收入为 1 200 万元，经营成本为 450 万元，总成本为 600 万元。第二年以后各年的销售收入均为 1 600 万元，经营成本均为 550 万元，总成本均为 750 万元。产品销售税金及附加税税率为 6%，所得税税率为 33%，行业基准收益率为 10%。企业盈余公积金按 10% 计提取，公益金按 5% 计提。试编该企业的损益表。

【解】

1）销售收入按年填入。

2）销售税金及附加＝销售收入×销售税金及附加税税率，计算后按年填入。

3）总成本按年填入。

4）所得税计算同例 3-6，按年填入。

5）公积金提取累计达注册资金 50% 即 400 万元时，不再提取。

该企业的损益表见表 3-9。

表 3-9　损益表

序号	项目	投产期			达产期							合计
		3	4	5	6	7	8	9	10	11	12	
	生产负荷/%	80%	100%	100%	100%	100%	100%	100%	100%	100%	100%	
1	销售收入	1 200	1 600	1 600	1 600	1 600	1 600	1 600	1 600	1 600	1 600	15 600
2	销售税金及附加	72	96	96	96	96	96	96	96	96	96	936

51

序号	项目	投产期			达产期							合计
		3	4	5	6	7	8	9	10	11	12	
3	总成本	600	750	750	750	750	750	750	750	750	750	7 350
4	利润总额(1—2—3)	528	754	754	754	754	754	754	754	754	754	7 314
5	所得税(33%)	174	249	249	249	249	249	249	249	249	249	2 415
6	税后利润(4—5)	354	505	505	505	505	505	505	505	505	505	4 899
7	计提公积金(10%)	35.4	50.5	50.5	50.5	50.5	50.5	50.5	50.5	11.1		400
8	累计计提公积金	35.4	85.9	136.4	186.9	237.4	287.9	338.4	388.9	400		400
9	计提公益金(5%)	17.7	25.25	25.25	25.25	25.25	25.25	25.25	25.25	25.25	25.25	244.95
10	应付利润(6—7—9)	300.9	429.25	429.25	429.25	429.25	429.25	429.25	429.25	468.65	479.75	4 254.05

3. 资金来源与资金运用表

资金来源与资金运用表能全面反映项目资金活动全貌,反映项目计算期内各年的资金盈余或短缺情况,用于选择资金筹措方案,制定适宜的借款及偿还计划,并为编制资产负债表提供依据。报表格式见表3-10。

表3-10　资金来源与运用表

序号	项目	建设期		投产期		达产期			
		1	2	3	4	5	6	⋯	n
	生产负荷(%)								
1	资金来源								
1.1	利润总额								
1.2	折旧费								
1.3	摊销费								
1.4	长期借款								
1.5	流动资金借款								
1.6	短期借款								
1.7	自有资金								
1.8	其他资金								
1.9	回收固定资产余值								
1.10	回收流动资金								
2	资金运用								
2.1	固定资产投资								
2.2	建设期贷款利息								
2.3	流动资金								
2.4	所得税								
2.5	应付利润								
2.6	长期借款还本								
2.7	流动资金借款还本								
2.8	其他短期借款还本								
3(1—2)	盈余资金								
4	累计盈余资金								

4. 资产负债表

资产负债表是反映项目在某一特定日期(如月末、季末、年末)全部资产、负债和所有者权益情况的会计报表,是企业经营活动的静态体现。资产负债表根据资产等于负债加所有者权益,依照一定的分类标准和次序,将某一特定日期的资产、负债、所有者权益的具体项目予以适当的排列编制而成。

资产负债表主要用以考察项目资产、负债、所有者权益的结构是否合理,进行清偿能力分析。报表格式见表 3-11。表中的"资产=负债+所有者权益"。

表 3-11　资产负债表

序号	项目	建设期		投产期		达产期			
		1	2	3	4	5	6	...	n
1	资产								
1.1	流动资产								
1.1.1	现金								
1.1.2	应收账款								
1.1.3	预付账款								
1.1.4	存货								
1.1.5	其他流动资产								
1.2	在建工程								
1.3	固定资产								
1.3.1	原始价值								
1.3.2	累计折旧								
1.3.3	账面净值								
1.4	无形及其他资产净值								
2	负债及所有者权益								
2.1	流动负债总额								
2.1.1	短期借款								
2.1.2	应付账款								
2.1.3	预收账款								
2.1.4	其他应付款								
2.1.5	其他流动负债								
2.2	中长期借款								
	负债小计								
2.3	所有者权益								
2.3.1	实收资本金								
2.3.2	资本公积金								
2.3.3	累计盈余公积金								
2.3.4	累计未分配利润								
清偿能力分析:1. 资产负债率 2. 流动比率 3. 速动比率									

5. 外汇平衡表

外汇平衡表由外汇来源、外汇运用和外汇余缺额三部分构成。

外汇来源包括产品外销的外汇收入、外汇贷款和自筹外汇等，自筹外汇包括在其他外汇收入项目中。

外汇运用主要是进行建设投资、进口原料及零部件、支付技术转让费和清偿外汇借款本息及其他外汇支出。

外汇余缺额直接反映了项目计算期内外汇平衡程度。对于外汇不能平衡的项目，应根据外汇余缺程度提出具体解决方案。

外汇平衡表用于有外汇收支的项目，可以反映项目计算期内各年外汇的余缺程度，进行外汇平衡分析。

外汇平衡表格式见表3-12。

表3-12 外汇平衡表

序号	项目	建设期		投产期		达产期			
		1	2	3	4	5	6	...	n
	生产负荷(%)								
1	外汇来源								
1.1	产品销售外汇收入								
1.2	外汇借款								
1.3	其他外汇收入								
2	外汇运用								
2.1	建设投资中外汇支出								
2.2	进口原材料								
2.3	进口零部件								
2.4	技术转让费								
2.5	偿还外汇借款本息								
2.6	其他外汇支出								
2.7	外汇余缺								

注：1. 其他外汇收入包括自筹外汇。
    2. 技术转让费是指生产周期支付的技术转让费。

3.2.3 财务评价指标

1. 财务盈利能力评价

进行财务盈利能力评价需编制全部投资现金流量表、自有资金现金流量表和损益表，根据表中数据计算投资回收期、财务内部收益率、财务净现值、投资收益率等指标，进而判断建设项目的财务盈利能力。

（1）静态投资回收期。静态投资回收期是指以项目每年的净收益回收项目全部投资时所需要的时间。项目全部投资指固定资产投资与流动资金投资二者的和。项目每年的净收益是指税后利润加折旧。静态投资回收期的表达式为

$$\sum_{t=1}^{P_t}(CI-CO)_t=0 \tag{3-22}$$

式中 P_t——静态投资回收期；

CI——现金流入；

CO——现金流出；

$(CI-CO)_t$——第 t 年的净现金流量。

静态投资回收期一般以"年"为单位，自项目建设开始年算起，当然也可以自项目建成投产后的运营期起计算静态投资回收期，对于这种情况，需要加以说明，以防止两种情况的混淆。如果项目建成投产后，运营期每年的净收益相等，则投资回收期可用下式计算：

$$P_t = \frac{K}{NB} + T_K \qquad (3\text{-}23)$$

式中　K——全部投资；

　　　NB——每年的净收益；

　　　T_K——项目建设期。

如果项目建成投产后各年的净收益率不相同，则静态投资回收期可根据累计净现金流量求得。其计算公式为

$$P_t = 累计净现金流量开始出现正值的年份 - 1 + \frac{上一年累计现金流量的绝对值}{出现正值年份的净现金流量的现值} \qquad (3\text{-}24)$$

静态投资回收期主要用于对项目投资与否的粗略评价，其意义为：若计算出的静态投资回收期≤投资者期望的投资回收期，则拟建项目可行，反之不可行。

【例 3-8】　某拟建项目全部投资现金流量表中各年的净现金流量见表 3-13，若投资者期望的回收期为 8 年，计算拟建项目的静态投资回收期，判断项目的可行性。

表 3-13　各年的净现金流量

年	建设期		运营期									
	1	2	3	4	5	6	7	8	9	10	11	12
净现金流量	−600	−900	−13	339	339	339	339	339	339	339	339	1 006

【解】

1)计算项目各年累计净现金流量，见表 3-14。

表 3-14　各年累计净现金流量

年	建设期		运营期									
	1	2	3	4	5	6	7	8	9	10	11	12
净现金流量	−600	−900	−13	339	339	339	339	339	339	339	339	1 006
累计净现金流量	−600	−1 500	−1 513	−1 174	−835	−496	−157	182	521	860	1 199	2 205

2)找出累计净现金由负变正的年份及对应的累计净现金值，运用式(3-24)求出静态投资回收期。

由表 3-14 可见，第 7 年的累计净现金为 −157，第 8 年的累计净现金为 182，则静态投资回收期为

$$P_t = 8 - 1 + \frac{157}{339} = 7.46(年)$$

3）判断拟建项目的可行性。因计算的静态投资回收期 $P_t = 7.46$ 年 < 投资者期望的投资回收期 8 年，故拟建项目可行。

（2）动态投资回收期。动态投资回收期是指在考虑了资金时间价值的情况下，以项目每年的净收益回收项目全部投资所需要的时间。这个指标主要是为了克服静态投资回收期指标没有考虑资金时间价值的缺点而提出的。动态投资回收期的表达式如下：

$$\sum_{t=0}^{P_t'} (CI - CO)_t (1 + i_c)^{-t} = 0 \tag{3-25}$$

式中　P_t'——动态投资回收期；

　　　i_c——基准收益率（即投资者期望的收益率）；

式中其他符号意义同前。

动态投资回收期需要先对各年的净现金值进行折现，再对各年的折现净现金值进行累计，然后用下式计算：

$$P_t' = 累计折现净现金出现正值的年份 - 1 + \frac{上一年的累计折现净现金的绝对值}{出现正值年份的净现金流量的现值} \tag{3-26}$$

对于同一个拟建项目可得出两个结论：一是计算出的动态投资回收期肯定大于静态投资回收期，这是因为在动态投资回收期计算时，对各年净现金进行折现的缘故；二是从静态投资回收期角度看可行的项目，从动态投资回收期上看有可能不可行。至于是否对动态投资回收期评价不可行的项目进行投资，需要投资者综合其他因素后再进行决策。

【例 3-9】　拟建项目全部投资现金流量表中各年的净现金流量数值同例 3-8，若投资者期望的回收期为 8 年，期望的收益率为 10%，计算拟建项目的动态投资回收期，判断项目的可行性。

【解】

1）按期望收益率 10% 计算项目各年折现净现金值与累计折现净现金值，见表 3-15。

表 3-15　各年折现净现金值与累计折现净现金值

年	建设期		运营期									
	1	2	3	4	5	6	7	8	9	10	11	12
净现金流量	−600	−900	−13	339	339	339	339	339	339	339	339	1 006
折现净现金（i_c = 10%）	−546	−744	−10	232	211	191	174	158	144	131	119	321
累计折现净现金	−546	−1 290	−1 300	−1 068	−857	−666	−492	−334	−190	−59	60	381

表中各年的折现净现金值，是根据 $(CI - CO)_t (1 - i_c)^{-t}$ 计算出来的。例如：

第 1 年的折现净现金值为：$-600 \times (1 + 10\%)^{-1} = -546$；

第 6 年的折现净现金值为：$339 \times (1 + 10\%)^{-6} = 191$。

2）找出累计折现净现金由负变正的年份及对应的累计折现净现金值，运用式（3-26）求出动态投资回收期。

由表 3-15 可见，第 10 年的累计折现净现金为 −59，第 11 年的累计折现净现金为 60，则动态投资回收期为

$$P_t = 11 - 1 + \frac{59}{119} = 10.5 （年）$$

3)判断拟建项目的可行性。因计算的动态投资回收期为 10.5 年＞投资者期望的投资回收期 8 年，故以动态投资回收期为评价标准，拟建项目不可行。

由本示例可见，对于同一个拟建项目，用静态投资回收期判断可行，但用动态投资回收期判断则不可行，这是因为资金的时间价值所导致。

（3）财务净现值。财务净现值是指将项目计算期内各年的财务净现金流量，按照一个给定的基准收益率（标准折现率）折算到建设期初（项目计算期第一年年初）的现值之和。财务净现值是考察项目在计算期内盈利能力的主要动态评价指标。其表达式为

$$FNPV = \sum_{t=1}^{n} (CI-CO)_t (1+i_c)^{-t} \qquad (3-27)$$

式中　$FNPV$——财务净现值；

　　　　$(CI-CO)_t$——第 t 年的净现金流量；

　　　　n——项目计算期；

　　　　i_c——基准收益率。

财务净现值表示建设项目的收益水平超过基准收益的额外收益。该指标在用于对投资方案进行经济评价时，若财务净现值≥0，项目可行；反之不可行。

【例 3-10】　某项目全部投资现金流量表中各年的净现金流量见表 3-16，若投资者期望收益率（基准收益率）为 10%，计算拟建项目的财务净现值，判断项目的可行性。

表 3-16　各年的净现金流量

年	建设期		运营期									
	1	2	3	4	5	6	7	8	9	10	11	12
净现金流量	−600	−900	−13	339	339	339	339	339	339	339	339	1 006

【解】

1)按期望收益率 10% 计算项目的财务净现值

$FNPV = -600 \times (1+10\%)^{-1} - 900 \times (1+10\%)^{-2} - 13 \times (1+10\%)^{-3} + 339 \times (1+10\%)^{-4} + \cdots + 339 \times (1+10\%)^{-11} + 1 006 \times (1+10\%)^{-12} = 380$

2)判断拟建项目的可行性。因该项目的财务净现值=380＞0，所以项目可行。

（4）财务内部收益率。财务内部收益率是指项目在整个计算期内各年财务净现金流量的现值之和等于零时的折现率，也就是使项目的财务净现值等于零时的折现率，其表达式为

$$\sum_{t=1}^{n} (CI-CO)_t (1+FIRR)^{-t} = 0 \qquad (3-28)$$

式中　$FIRR$——财务内部收益率；

式中其他符号意义同前。

财务内部收益率是反映项目实际收益率的一个动态指标，该指标越大越好。一般情况下，财务内部收益率大于或等于基准收益率时，项目可行。

财务内部收益率的计算过程是解一元 n 次方程的过程，求精确解十分困难。在实际问题中往往采用逐次逼近法求近似解，其求解过程如下：

1)列算式：即列项目的财务净现值表达式，并令其等于零。

2)试算：

①首先根据经验确定一个初始折现率 i_0；

②i_0 代入所列表达式中计算财务净现值；

③$FNPV(i_0)=0$，则 $FIRR=i_0$。

若 $FNPV(i_0)>0$，则继续增大 i_0。

若 $FNPV(i_0)<0$，则继续减少 i_0。

④重复步骤③，直到找到这样两个折现率 i_1 和 i_2，满足 $FNPV(i_1)>0$，$FNPV(i_2)<0$，其中 (i_2-i_1) 一般不超过 $2\%\sim5\%$。

3)利用线性插值公式近似计算财务内部收益率 $FIRR$。其计算公式为

$$\frac{FIRR-i_1}{i_2-i_1}=\frac{FNPV_1}{FNPV_1-FNPV_2} \tag{3-29}$$

【例 3-11】 某项目全部投资现金流量表中各年的净现金流量见表 3-17，若投资者期望收益率（基准收益率）为 10%，计算拟建项目的内部收益率，判断项目的可行性。

表 3-17 各年的净现金流量

年	建设期		运营期									
	1	2	3	4	5	6	7	8	9	10	11	12
净现金流量	−600	−900	−13	300	300	300	300	300	300	300	300	850

【解】

①列算式。

设内部收益率为 x，则

$$FNPV=-\frac{600}{(1+x)^1}-\frac{900}{(1+x)^2}-\frac{13}{(1+x)^3}+300\times\frac{(1+x)^8-1}{x}\times\frac{1}{(1+x)^{11}}+850\times\frac{1}{(1+x)^{12}}=0$$

②试算。

设 $x=11\%$，代入上式，得

$$FNPV_{11\%}\approx91.3>0$$

再设 $x=12\%$，代入式(3-27)中，得

$$FNPV_{12\%}\approx41.28>0$$

再设 $x=13\%$，代入式(3-27)中，得

$$FNPV_{13\%}\approx-50.98<0$$

显然，拟求的财务内部收益率 $FIRR$ 在 12% 与 13% 之间。

③利用线性插值公式近似计算财务内部收益率。

通过 $FNPV_{12\%}\approx41.28$ 与 $FNPV_{13\%}\approx-50.98$，在 12% 与 13% 之间用插入式(3-29)求解财务内部收益率：

$$FIRR=12\%+\frac{41.28}{41.28-(-50.98)}\times(13\%-12\%)=12.45\%$$

④判断项目投资的可行性。

因该项目的财务内部收益率＝12.45%＞10%，所以项目可行。

（5）投资利润率、投资利税率、资本金利润率。投资利润率、投资利税率、资本金利润率三个指标均为反映投资收益情况的静态指标。在采用投资利润率、投资利税率、资本金利润率对项目进行评价时，只要计算值不小于行业的平均值（或投资者要求的最低值），项目即可行。其表达式为

$$投资利润率＝\frac{年均利润总额}{投资总额}\times100\% \tag{3-30}$$

$$投资利税率＝\frac{年均利润总额＋年均销售税金及附加}{投资总额}\times100\% \tag{3-31}$$

$$资本金利润率＝\frac{年均税后利润额}{资本金}\times100\% \tag{3-32}$$

【例3-12】 某项目固定资产投资总额为10 000万元（其中自有资金为5 000万元），流动资金投资总额为3 000万元，各年的损益情况见表3-18，计算该项目的投资利润率、投资利税率、资本金利润率。

表3-18　各年的损益情况

序号	运营期年份	4	5	6	7	8	9	10	11	12	13	14	15
1	销售（营业）收入	6 300	9 000	9 000	6 300	9 000	9 000	6 300	9 000	9 000	6 300	9 000	9 000
2	销售税金及附加	360	540	540	540	540	540	540	540	540	540	540	540
3	总成本费用	5 563	7 318	7 373	7 228	7 183	7 183	7 093	7 048	7 003	6 958	6 913	6 913
4	利润总额	377	1 142	1 187	1 232	1 277	1 322	1 367	1 412	1 457	1 502	1 547	1 547
5	所得税	124	377	392	407	421	436	451	466	481	496	511	511
6	税后利润	253	765	795	826	856	886	916	946	976	1 006	1 037	1 037
7	公积金	25	77	80	83	86	89	92	95	98	101	104	104
8	应付利润	215	650	676	702	727	753	779	804	830	855	881	881

【解】

1）投资利润率

$$投资利润率＝\frac{年均利润总额}{投资总额}\times100\%$$
$$＝\frac{(377＋1\ 142＋1\ 187＋1\ 232＋1\ 277＋1\ 322＋1\ 367＋1\ 412＋1\ 502＋1\ 547＋1\ 547)/12}{10\ 000＋3\ 000}\times100\%$$
$$＝9.85\%$$

2）投资利税率。

$$投资利税率＝\frac{年均利润总额＋年均销售税金及附加}{投资总额}\times100\%$$
$$＝(377＋360＋1\ 142＋540＋1\ 187＋540＋1\ 232＋540＋1\ 277＋540＋1\ 322＋$$
$$540＋1\ 367＋540＋1\ 412＋540＋1\ 457＋540＋1\ 502＋540＋1\ 547＋540＋$$
$$1\ 547＋540)÷12÷13\ 000\times100\%$$
$$＝13.89\%$$

3）资本金利润率。

$$资本金利润率 = \frac{年均税后利润额}{资本金} \times 100\%$$

$$= (253 + 765 + 795 + 826 + 856 + 886 + 916 + 946 + 976 + 1\,006 + 1\,037 + 1\,037) \div 12 \div 5\,000 \times 100\%$$

$$= 17.17\%$$

2. 偿债能力评价

建设项目的投资资金可分为借入资金和自有资金。自有资金可长期使用，而借入资金必须按期偿还。项目的投资者自然要关心项目偿还能力；借出资金的所有者（即债权人）也非常关心贷出的资金能否按期收回本息。因此，偿债分析是财务分析中的一项重要内容。

（1）固定资产借款偿还分析。固定资产借款偿还分析是通过编制还本付息表进行的。固定资产借入资金的偿还一般采用两种方式：一种是规定期限，在期限内的各年等额还本付息；另一种是规定期限，在期限内的各年等额还本利息照付。因此，还本付息表的编制有等额还本付息表或等额还本利息照付表两种表示方式。

在分析计算中，对长期贷款的利息一般作如下假设：当年贷款按半年计息，当年还款按全年计息。若在建设期借入资金，生产期逐期归还，则：

$$建设期贷款年利息 = \left(年初借款累计 + \frac{本年借款}{2}\right) \times 年利率 \qquad (3-33)$$

$$生产期年利息 = 年初借款累计 \times 年利率 \qquad (3-34)$$

流动资金借款及其他短期借款均按全年计息。流动资金借款通常是在年初借出，年末仅支付银行的贷款利息，不归还本金。流动资金借款的本金是在项目的计算期末一次性全部还给银行。

【例 3-13】 某项目建设期两年，建设期投资第一年贷款 1 000 万元，第二年贷 2 000 万元，年利率为 6%，银行要求项目投资者在运营期的第 1~4 年内还清建设期投资贷款本息。流动资金贷款为 500 万元，在生产期第 1 年年初贷款 100 万元，第 2 年年初增加贷款 400 万元，企业与银行约定，流动资金贷款在使用期间的各年只付息不还本金，年利率为 4%。求：

1）分别用每年等额还本付息和每年等额还本利息照付两种方法编制建设期投资贷款还本付息表；

2）计算该项目的流动资金的贷款利息。

【解】

1）建设期投资贷款偿还分析。

①每年等额还本付息方式（表 3-19）。

表 3-19 等额还本付息表

年份 项目	建设期		运营期			
	1	2	3	4	5	6
年初累计借款		1 030	3 151.8	2 431.31	1 667.58	858.12

续表

项目＼年份	建设期		运营期			
	1	2	3	4	5	6
本年新增借款	1 000	2 000				
本年应计利息	30	121.8	189.12	145.88	100.05	51.49
本年还本付息			909.61	909.61	909.61	909.61
其中：本金偿还			720.49	763.73	809.56	858.02
利息偿还			189.12	145.88	100.05	51.49

第一年应计利息：$1\,000 \times \frac{1}{2} \times 6\% = 30$（万元）

第二年应计利息：$(1\,000 + 30 + 2\,000 \times \frac{1}{2}) \times 6\% = 121.8$（万元）

第三年项目建成投产，进入运营期，在四年中需按每年等额还本付息方式还清银行贷款本息，每年还款额为：$3\,151.8 \times \frac{6\% \times (1+6\%)^4}{(1+6\%)^4-1} = 3\,151.8 \times 0.288\,6 = 909.61$（万元），填入等额还本付息表的"本年还本付息"项中。

其中：还利息为 $3\,151.8 \times 6\% = 189.11$（万元）

还本金为 $909.61 - 189.12 = 720.5$（万元）

第四年年初累计借款：$3\,151.8 - 720.5 = 2\,431.3$（万元）

应计利息：$2\,431.3 \times 6\% = 145.88$（万元）

还本付息：909.61（万元）

其中：还利息 145.88（万元）

还本金为 $909.61 - 145.88 = 763.73$（万元）

第五、六年各项的算法同第四年

②每年等额还本利息照付方式（表3-20）。

表 3-20　等额还本利息照付表

项目＼年份	建设期		运营期			
	1	2	3	4	5	6
年初累计借款		1 030	3 151.8	2 363.85	1 575.9	787.95
本年新增借款	1 000	2 000				
本年应计利息	30	121.8	189.11	141.83	94.55	47.28
本年归还本金			787.95	787.95	787.95	787.95
本年支付利息			189.11	141.83	94.55	47.2
本年还本付息			977.07	929.78	882.5	835.15

第一、二、三年的"本年应计利息"计算同前，第三年项目进入运营期，在四年中需按每

年等额还本利息照付方式还清银行贷款本息，则每年还本额为：3 151.8÷4＝787.95(万元)，填入等额还本利息照付表中"本年归还本金"行的运营期各年内。

第三年的"本年支付利息"等于"本年应计利息"，即为 189.12 万元。

第四年的"年初累计借款"为：3 151.8－787.95＝2 363.85(万元)。

第四年的"本年应计利息""本年支付利息"计算方法同第三年，第五、六年表中各项的计算原理与前均相同，所得结果见表 3-19 中的值。

2)流动资金贷款利息

第一年贷款利息：100×4%＝4(万元)

第二至第六年的利息均为

$$(100＋400)×4\%＝20(万)$$

(2)资产负债率。其计算公式为

$$资产负债率＝\frac{负债总额}{资产总额} \tag{3-35}$$

资产负债率反映项目总体偿债能力。这一比率越低，则偿债能力越强。但由于资产负债率的高低还反映了项目利用负债资金的程度，因此该指标水平应适当。

(3)流动比率。其计算公式为

$$流动比率＝\frac{流动资产总额}{流动负债总额} \tag{3-36}$$

流动比率反映企业偿还短期债务的能力。该比率越高，单位流动负债将有更多的流动资产保证，短期偿还能力就越强。但是可能导致流动资产利用率低下，影响项目效益。因此，流动比率一般为 2∶1 较好。

(4)速动比率。其计算公式为

$$速动比率＝\frac{速动资产总额}{流动负债总额} \tag{3-37}$$

其中：速动资产＝流动资产－存货

速动资产是流动资产中变现最快的部分，速动比率越高，短期偿还能力越强。同样，速动比率过高也会影响资产利用效率，进而影响企业经济效益。因此，速动比率一般为 1 左右较好。

【例 3-14】 甲企业 2018 年年底盘点资金，得数据如下：货币资金 43 580.99 元，应收账款 214 571 元，预付账款 85 764 元，其他应收款 478.76 元，库存商品 642 191.66 元，固定资产账面价值 121 517.28 元，预收账款 32 000 元，应付职工薪酬 26 100 元，应交税费－62 325.93 元，应付利息 163 000 元，实收资本金 1 000 000 元，累计未分配利润－50 670.38 元。试求：

1)编制资产负债表；

2)计算该企业的资产负债率、流动比率、速动比率；

3)分析该企业的财务状况。

【解】

1)编制资产负债表(表 3-21)。

表 3-21　资产负债表

资产	金额/元	负债及所有者权益	金额/元
1. 流动资产	986 586.41	1. 流动负债	158 774.07
现金	43 580.99	短期借款	
应收账款	214 571.00	应付账款	
预付账款	85 764.00	预收账款	32 000.00
存货	642 191.66	其他应付款	
其中：原材料		其中：应付职工薪酬	26 100.00
在产品		应付利息	163 000.00
产成品	642 191.66	应交税费	−62 325.93
其他应收款	478.76	其他流动负债	
2. 在建工程		2. 中长期借款	
3. 固定资产	121 517.28	3. 所有者权益	949 329.62
原始价值		实收资本	1 000 000.00
累计折旧		资本公积金	
账面净值	121 517.28	累计盈余公积金	
4. 无形及其他资产净值		累计未分配利润	−50 670.38
资产合计	1 108 103.69	负债及所有者权益合计	1 108 103.69

2）计算资产负债率、流动比率、速动比率。

$$资产负债率=\frac{负债总额}{资产总额}=\frac{158\ 774.07}{1\ 108\ 103.69}=0.143\ 28=14.328\%$$

$$流动比率=\frac{流动资产总额}{流动负债总额}=\frac{986\ 586.41}{158\ 774.07}=6.213\ 8$$

$$速动比率=\frac{速动资产总额}{流动负债总额}=\frac{986\ 586.41-642\ 191.66}{158\ 774.07}=2.169\ 1$$

3）企业财务状况分析。

资产负债率为 14.328%，表明企业的经营风险低且具有很强的债务偿债能力；流动比率 6.213 8 表明企业具有很强的短期债务偿还能力；速动比率 2.169 1 表明企业具有很强的用现金偿还短期债务的能力。

从甲企业角度看，企业具有较强的债务偿还能力和较小的经营风险，但资金筹集能力较低，资产利用效率不高，企业扩大再生产能力偏弱。

3.3　综合应用示例

📖 背景资料

某公司拟建一年生产能力 40 万吨的生产性项目以生产 A 产品。与其同类型的某已建项目年生产能力 20 万吨，设备投资额为 400 万元，经测算设备投资的综合调价系数为 1.2。

该已建项目中建筑工程、安装工程及其他工程费用占设备投资的百分比分别为60％、30％、6％，相应的综合调价系数为1.2、1.1、1.05，生产能力指数为0.5。

拟建项目计划建设期为2年，运营期为10年，运营期第一年的生产能力达到设计生产能力的80％，第二年达100％。

项目建设期第一年投入静态投资的40％（其中贷款200万元），第二年投入静态投资的60％（其中贷款300万元），建设期间不考虑价格上涨因素。建设投资全部形成固定资产，固定资产使用寿命12年，残值100万元，按直线折旧法计提折旧。流动资金分别在建设期第二年与运营期第一年投入100万元、250万元（全部为银行贷款）。项目建设资金贷款年利率为6％（按年计息），贷款合同规定的还款方式为：投产后的前4年等额本金偿还。流动资金贷款年利率为4％（按年计息）。

项目运营期第一年的销售收入为600万元，经营成本为250万元，总成本为330万元。第二年以后各年的销售收入均为800万元，经营成本均为300万元，总成本均为410万元。产品销售税金及附加税税率为6％，所得税税率为33％，行业基准收益率为10％、平均投资利润率为12％，平均投资利税率为17％。

➡ 问题

1. 估算拟建项目的设备投资额。
2. 估算拟建项目固定资产静态投资。
3. 计算贷款利息，编制项目建设资金贷款还本付息表。
4. 计算运营期各年的所得税。
5. 编制项目全部投资现金流量表。
6. 计算项目的静态投资回收期与动态投资回收期。
7. 计算项目的财务净现值。
8. 计算项目的财务内部收益率。
9. 编制项目损益表。
10. 计算项目的投资利润率、投资利税率、资本金利润率。
11. 根据计算出的评价指标，分析拟建项目的可行性。
（注：计算结果均按四舍五入原则保留至整数）

📖 知识点

1. 生产能力指数估算法的概念及公式运用。
2. 静态投资的概念与设备系数估算法的运用。
3. 还本付息表的编制。
4. 固定资产余值的概念与所得税的计算。
5. 全部投资现金流量表的编制。
6. 损益表的编制。
7. 投资利润率、投资利税率、资本金利润率的概念与计算。
8. 从财务角度评价拟建项目的可行性。

问题 1

生产能力指数法是根据已建成的、性质类似的建设项目或生产装置的投资额和生产能力及拟建项目或生产装置的生产能力估算拟建项目的投资额。该方法既可用于估算整个项目的静态投资，也可用于估算静态投资中的设备投资。本题是用于估算设备投资，其基本计算式为

$$C_2 = C_1 \left(\frac{Q_2}{Q_1}\right)^x f$$

式中　C_1——已建成类似项目或生产装置的投资额；

　　　C_2——拟建项目或生产装置的投资额；

　　　Q_1——已建类似项目或生产装置的生产能力；

　　　Q_2——拟建项目或生产装置的生产能力；

　　　x——生产能力指数；

　　　f——考虑已建项目与拟建项目因建设时期、建设地点不同引起的费用变化而设的综合调整系数。

根据背景资料可知：

$C_1 = 400$ 万元；$Q_1 = 20$ 万吨；$Q_2 = 40$ 万吨；$x = 0.5$；$f = 1.2$；则拟建项目的设备投资估算值为

$$C_2 = 400 \times \left(\frac{40}{20}\right)^{0.5} \times 1.2 = 679 (万元)$$

问题 2

固定资产静态投资的估算方法有很多种，但从本案例所给的背景条件分析，这里只能采用设备系数法进行估算。设备系数法的计算公式为

$$C = E(f + f_1 P_1 + f_2 P_2 + f_3 P_3 + \cdots) + I$$

式中　C——拟建项目的静态投资；

　　　E——根据拟建项目的设备清单按已建项目当时的价格计算的设备费；

　　　P_1、P_2、$P_3 \cdots$——已建项目中建筑、安装及其他工程费用等占设备费的百分比；

　　　f、f_1、f_2、$f_3 \cdots$——因时间因素引起的定额、价格、费用标准等变化的综合调整系数；

　　　I——拟建项目的其他费用。

根据背景资料知：

$E = 400 \times \left(\frac{40}{20}\right)^{0.5} = 566 (万元)$；$f = 1.2$，$f_1 = 1.2$，$f_2 = 1.1$，$f_3 = 1.05$，$P_1 = 60\%$，$P_2 = 30\%$，$P_3 = 6\%$；$I = 0$。

所以，拟建项目静态投资的估算值为

$566 \times (1.2 + 1.2 \times 60\% + 1.1 \times 30\% + 1.05 \times 6\%) = 1\ 309 (万元)$

问题 3

本案例的贷款可分为建设资金贷款与流动资金贷款两部分。

(1)建设资金贷款利息计算。建设资金贷款利息指的是项目从动工兴建起至建成投产为止这段时间内，用于项目建设而贷款所产生的利息。在计算利息时，要注意贷款均是按年度均衡发放考虑的，因此贷款利息的计算为

第一年贷款利息 $=200 \times \frac{1}{2} \times 6\% = 6$（万元人民币）

第二年贷款利息 $=(200+6+300 \times \frac{1}{2}) \times 6\% = 21$（万元人民币）

(2)流动资金贷款利息计算。流动资金是企业的周转资金，企业流动资金贷款的一般做法是：年初一次性全额贷出，年末还清本年贷款产生的利息，本金保留在企业里继续周转，直到项目运营期结束才全额还清银行流动资金贷款的本金。因此贷款利息的计算为

建设期第二年贷入 100 万元，利息：$100 \times 4\% = 4$（万元人民币）

运营期第一年又贷入 250 万元，加上上一年的贷款 100 万元，共 350 万元，利息：$350 \times 4\% = 14$（万元人民币）

(3)建设资金贷款还本付息表编制。由于贷款合同规定的还款方式是投产后的前 4 年等额本金偿还，因此，采用每年等额还本利息照付方式编制建设资金贷款还本付息表，见表 3-22。

表 3-22　还本付息表

年份 项目	建设期		运营期			
	1	2	3	4	5	6
年初累计借款		206	527	395	263	132
本年新增借款	200	300				
本年应计利息	6	21	32	24	16	8
本年归还本金			132	132	132	132
本年支付利息			32	24	16	8

表中的"本年归还本金"项计算：$\frac{527}{4} = 132$（万人民币）

问题 4

计算所得税的关键是要搞清楚纳税基数的概念。所得税的纳税基数是产品销售收入减总成本再减销售税金及附加，也被称为税前利润。所得税必须按年计算，且只是在企业具有税前利润的前提下才缴纳。

所得税＝（销售收入－总成本－销售税金及附加）×所得税税率

所以，运营期第一年的所得税为

$(600-330-600 \times 6\%) \times 33\% = 77$（万元）。

运营期第二年至第十年每年的所得税为

$(800-410-800 \times 6\%) \times 33\% = 113$（万元）。

建设期两年因无收入，所以不交所得税。

问题 5

项目全部投资现金流量表的形式可参照表 3-5，编制全部投资现金流量表时要注意以下几点：

(1)销售收入发生在运营期的各年。

(2)回收固定资产余值发生在运营期的最后一年。填写该值时需要注意，固定资产余值并不是残值，它是固定资产原值减去已提折旧的剩余值，即

$$固定资产余值＝固定资产原值－已提折旧$$

本案例的折旧采用直线折旧法，因此：

$$年折旧额＝\frac{固定资产原值－残值}{折旧年限}＝\frac{529＋806－100}{12}＝103（万元）$$

则固定资产余值为

$$（529＋806）－103×10＝305（万元）$$

(3)回收流动资金发生在运营期的最后一年，流动资金应全额回收。

(4)现金流入＝销售收入＋回收固定资产余值＋回收流动资金。

(5)固定资产投资发生在建设期的各年。

固定资产投资＝固定资产静态投资＋价差预备费＋建设资金贷款利息

建设期第一年年末：1 308×40％＋6＝529（万元）。

建设期第二年年末：1 308×60％＋21＝806（万元）。

(6)流动资金发生在投入年。

(7)经营成本发生在运营期的各年。

(8)销售税金及附加发生在运营期的各年，等于销售收入×6％。

(9)所得税发生在运营期的盈利年。

(10)现金流出＝固定资产投资＋流动资金＋经营成本＋销售税金及附加＋所得税。

(11)净现金流量＝现金流入－现金流出。

本项目全部投资现金流量表见表3-23。

表 3-23　全部投资现金流量

序号	项目	建设期		运营期									
		1	2	3	4	5	6	7	8	9	10	11	12
	生产负荷/%			80%	100%	100%	100%	100%	100%	100%	100%	100%	100%
1	现金流入			600	800	800	800	800	800	800	800	800	1 455
1.1	销售收入			600	800	800	800	800	800	800	800	800	800
1.2	回收固定资产余值												305
1.3	回收流动资金												350
2	现金流出	529	900	613	461	461	461	461	461	461	461	461	461
2.1	固定资产投资	529	806										
2.2	流动资金		100	250									
2.3	经营成本			250	300	300	300	300	300	300	300	300	300
2.4	销售税金及附加			36	48	48	48	48	48	48	48	48	48
2.5	所得税			77	113	113	113	113	113	113	113	113	113
3	净现金流量(1－2)	−529	−906	−13	339	339	339	339	339	339	339	339	994

问题 6

在计算投资回收期时，主要是用现金流量表中的净现金流量，只不过计算静态投资回收期时不考虑资金的时间价值，而计算动态投资回收期时需要考虑资金的时间价值。

(1)静态投资回收期。计算静态投资回收期时，需要用"现金流量表"中的净现金流量构造一个具有累计净现金流量的表，见表3-24。

表 3-24　现金流量表

1	年	1	2	3	4	5	6	7	8	9	10	11	12
2	净现金流量	−529	−906	−13	339	339	339	339	339	339	339	339	994
3	累计净现金流量	−529	−1 435	−1 448	−1 109	−770	−431	−92	247				

从表中找出累计净现金流量由负值变为正值的年份，表3-24中的第7年为−92万元，第8年则为247万元。显然静态投资回期在第7年与第8年之间，这时可用插入法求得具体的数值。静态投资回期的计算公式为

$$（累计净现流量开始出现正值年份−1）+\frac{上一年累计净现金流量的绝对值}{出现正值年份的净现金流量的现值}$$

本案例的静态投资回期为

$$(8−1)+\frac{92}{339}=7.27（年）$$

(2)动态投资回收期。计算动态投资回收期时，需要用"现金流量表"中的净现金流量构造一个具有折现净现金流量和累计折现净现金流量的表。均按基准收益率进行折现，将发生在各年的净现金流量折至第0年，见表3-25。

表 3-25　现金流量表

1	年	1	2	3	4	5	6	7	8	9	10	11	12
2	净现金流量	−529	−906	−13	339	339	339	339	339	339	339	339	994
3	折现净现金流量 ($i_c=10\%$)	−481	−785	−10	232	210	191	174	158	144	131	119	317
4	累计折现净现金流量	−481	−1 266	−1 276	−1 044	−834	−643	−469	−311	−167	−36	83	400

从表中找出累计折现净现金流量由负值变为正值的年份，表3-25中的第10年为−36万元，第11年则为83万元。显然动态投资回期在第10年与第11年之间，模仿静态投资回收期的求法，用插入法求出具体的数值：

$$(11−1)+\frac{36}{119}=10.3（年）$$

问题 7

财务净现值($FNPV$)实际是将发生在"现金流量表"中各年的净现金流量按基准收益率折到第零年的代数和，也就是表3-25中累计折现净现金流量对应于第12年的值。即

$$财务净现值\ FNPV=400（万元）$$

问题 8

财务内部收益率($FIRR$)是指按"现金流量表"中各年的净现金流量，求净现值为零时对应的折现率。财务内部收益率的求解通过三步实现。

(1)列算式。算式实际上是求财务净现值 $FNPV$ 的表达式，是根据"现金流量表"中净现金流量"行"的数值，设财务内部收益率 $FIRR=x$ 来列。本案例的算式为

$$FNPV=-\frac{529}{(1+x)^1}-\frac{906}{(1+x)^2}-\frac{13}{(1+x)^3}+339\times\frac{(1+x)^8-1}{x}\times\frac{1}{(1+x)^{11}}+994\times$$

$$\frac{1}{(1+x)^{12}}=0 \tag{3-38}$$

(2)试算。试算是任设一个 x 值，代入式(3-41)中，观察求出的 $FNPV$ 是大于零还是小于零。若大于零，表明所设的 x 值过小，可以再设一个大一些的 x 值；若小于零则表明所设 x 的值过大。

设 $x=12\%$，代入式(3-38)中，得

$$FNPV_{12\%}\approx250$$

再设 $x=15\%$，代入式(3-38)中，得

$$FNPV_{15\%}\approx32$$

再设 $x=16\%$，代入式(3-38)中，得

$$FNPV_{16\%}\approx-27$$

显然，要求的财务内部收益率 $FIRR$ 在 15% 与 16% 之间。

(3)插入。通过 $FNPV_{15\%}\approx32$ 与 $FNPV_{16\%}\approx-27$，在 15% 与 16% 之间用插入法求解财务内部收益率($FIRR$)。

$$FIRR=15\%+\frac{32}{32-(-27)}\times(16\%-15\%)=15.54\%$$

问题 9

编制项目损益表时要注意以下两点：

(1)公积金按税后利润的 10% 计提；

(2)公益金按税后利润的 5% 计提。

本案例的损益表编制见表 3-26。

表 3-26　损益表

序号	项目	投产期	达产期										合计
		3	4	5	6	7	8	9	10	11	12	
	生产负荷/%	80%	100%	100%	100%	100%	100%	100%	100%	100%	100%	
1	销售收入	600	800	800	800	800	800	800	800	800	800	7 800
2	销售税金及附加	36	48	48	48	48	48	48	48	48	48	468
3	总成本	330	410	410	410	410	410	410	410	410	410	4 020
4	利润总额(1－2－3)	234	342	342	342	342	342	342	342	342	342	3 312
5	所得税(33%)	77	113	113	113	113	113	113	113	113	113	1 094
6	税后利润(4－5)	157	229	229	229	229	229	229	229	229	229	2 218
7	计提公积金(10%)	16	23	23	23	23	23	23	23	23	23	223
8	累计计提公积金	16	39	62	85	108	131	154	177	200	223	223
9	计提公益金(5%)	8	11	11	11	11	11	11	11	11	11	107
10	应付利润(6－7－9)	133	179	179	179	179	179	179	179	179	179	1 744

问题 10

$$投资利润率 = \frac{年均利润总额}{投资总额} \times 100\% = \frac{3\ 312/10}{529+806+100+250} \times 100\% = 20\%$$

$$投资利税率 = \frac{年均利润总额+年均销售税金及附加}{投资总额} \times 100\%$$

$$= \frac{(3\ 312+468)/10}{529+806+100+250} \times 100\% = 22\%$$

$$资本金利润率 = \frac{年均税后利润额}{资本金} \times 100\% = \frac{2\ 218/10}{1\ 308-500} \times 100\% = 27\%$$

问题 11

计算出的评价指标共有七个，即静态投资回收期、动态投资回收期、财务净现值、内部收益率、投资利润率、投资利税率、资本金利润率。

因为：财务净现值大于零，所以项目可行；

内部收益率 13.17% 大于行业基准收益率 10%，所以项目可行；

投资利润率 20% 大于行业平均投资利润率 12%，所以项目可行；

投资利税率 22% 大于行业平均投资利润率 17%，所以项目可行；

因为背景资料没给基准回收期和基准资本金利润率，所以无法从静态投资回收期、动态投资回收期和资本金利润率角度对项目进行评价。

第 4 章

设计阶段计价

⊕ **本章主要内容**

1. 工程设计过程概述、工程设计与计价之间的关系；

2. 设计概算：单位工程概算、单项工程综合概算和建设项目总概算的概念，概算定额法、概算指标法、类似工程预算法在编制单位建筑工程概算中的应用，单项工程综合概算表、建设项目总概算表的编制，设计概算的审查内容与方法；

3. 施工图预算：施工图预算的内容与编制方法概述、施工图预算的审查内容与方法；

4. 综合应用示例。

工程设计是指在工程开始施工之前，设计者根据已批准的设计任务书，为具体实现拟建项目的技术、经济要求，拟定建筑、安装及设备制造等所需的规划、图纸、数据等技术文件的工作。工程设计过程与计价之间的关系如图 4-1 所示。

图 4-1 工程设计与计价之间关系图

1. 设计前准备工作

设计者在动手设计之前，首先要了解并掌握各种有关的外部条件和客观情况，如地形、气候、地质、自然环境等自然条件；城市规划对建筑物的要求；交通、水、电、气、通信等基础设施状况；业主对工程的要求；资金、材料、施工技术和装备等可能影响工程的其他客观因素。在搜集资料的基础上，对工程功能与形式的安排有个大概的布局设想，同时，还要考虑工程与周围环境之间的关系。

2. 初步设计

初步设计过程是整个设计构思基本形成的阶段。通过初步设计可以进一步明确拟建工程在指定地点和规定期限内进行建设的技术可行性和经济合理性，规定主要技术方案、工程总造价和主要技术经济指标。

初步设计阶段需绘制出拟建工程的效果图，有些工程还需要制作出拟建工程的模型，同时编制设计总概算。

3. 技术设计

技术设计是对初步设计方案的具体化，也是各种技术问题的定案阶段。技术设计的详细程度应能满足初步设计已确定方案中重大技术问题的要求，应能保证施工图设计的进行和提出设备订货明细表。技术设计时如果对初步设计中所确定的方案有所更改，应对更改部分编制修正概算书。

一般对于不太复杂的工程，技术设计阶段可以省略，当初步设计完成后直接进入施工图设计阶段。

4. 施工图设计

施工图设计阶段主要是通过设计图纸，将设计者的意图和全部设计结果表达出来，作为工人进行工程施工的依据。施工图是设计工作和施工工作的桥梁，具体包括建设项目各部分工程的详图和零部件、结构构件明细表以及验收标准、方法等。施工图设计的深度应能满足设备材料的选择与确定、非标准设备的设计与加工制作、施工图预算的编制、建筑工程施工和安装的要求。

5. 设计交底和配合施工

施工图发出后，根据现场需要设计单位应派人到施工现场，与建设、施工单位共同会审施工图，进行技术交底，介绍设计意图和技术要求，修改不符合实际和有错误的图纸；在施工中及时解决施工时设计文件出现的问题；当施工完毕后设计单位需派人参加试运转和竣工验收，解决试运转过程中的各种技术问题。对于大、中型工业项目和大型复杂的民用工程，设计单位应派代表到现场积极配合现场施工并参加隐蔽工程验收。

4.1 设计概算

设计概算是在投资估算的控制下由设计单位根据初步设计图纸、概算定额（或概算指标）、费用定额或取费标准（指标）、建设地区自然与技术经济条件、设备与材料价格等资料，编制和确定的建设项目从筹建至竣工交付使用所需全部费用的文件。

采用两阶段设计（初步设计、施工图设计）的建设项目，初步设计阶段必须编制设计概算；采用三阶段设计（初步设计、技术设计、施工图设计）的建设项目，技术设计阶段必须编制修正概算。经批准的建设项目设计概算，是该项目建设投资的最高限额，是控制施工图设计和施工图预算的依据。

4.1.1　设计概算的内容

设计概算可分为单位工程概算、单项工程综合概算和建设项目总概算三级。各级概算之间的相互关系如图 4-2 所示。

图 4-2　三级设计概算关系图

1. 单位工程概算

单位工程概算可分为建筑工程概算和设备及安装工程概算两大类。建筑工程概算包括土建工程概算，给水排水、采暖工程概算，通风、空调工程概算，电气、照明工程概算，弱电工程概算，特殊构筑物工程概算等；设备及安装工程概算包括机械设备及安装工程概算，电气设备及安装工程概算，热力设备及安装工程概算，工（器）具及生产家具购置费概算等。

单位工程概算是单项工程综合概算的组成部分。

2. 单项工程综合概算

单项工程综合概算是确定一个单项工程所需建设费用的文件，它由单项工程中的各单位工程概算汇总而成，组成内容如图 4-3 所示，是建设项目总概算的组成部分。

3. 建设项目总概算

建设项目总概算是确定整个建设项目从筹建到竣工验收所需全部费用的文件，它是由各单项工程综合概算、工程建设其他费用概算、预备费和建设期贷款利息概算汇总编制而成的，如图 4-4 所示。

4.1.2　设计概算的编制

1. 设计概算的编制原则与依据

(1) 设计概算的编制原则。

1) 设计概算的编制要严格执行国家的政策和规定的设计标准；

2) 设计概算的编制要完整、准确地反映设计内容；

3) 设计概算的编制要坚持结合拟建工程的实际，反映工程所在地当时价格水平。

(2) 设计概算的编制依据。

1) 国家发布的有关法律、法规、规章、规程等；

图 4-3　单项工程综合概算的组成

图 4-4　建设项目总概算的组成

　　2)批准的可行性研究报告及投资估算、设计图纸等有关资料；

　　3)有关部门颁布的现行概算定额、概算指标、费用定额等和建设项目设计概算编制办法；

4)有关部门发布的人工、设备材料价格、造价指数等；

5)建设地区的自然、技术、经济条件等资料；

6)有关合同、协议，其他有关资料。

2. 单位工程概算的编制

单位工程概算可分为建筑工程概算和设备及安装工程概算两大类。

(1)建筑工程概算的编制。建筑工程概算的编制方法有概算定额法、概算指标法、类似工程预算法等。

1)概算定额法。概算定额法又称扩大单价法或扩大结构定额法，它是采用概算定额来编制建筑工程概算。其主要步骤如下：

①根据概算定额列出分部分项工程(列项)；

②根据初步设计图纸和概算定额规则计算所列各项的工程量；

③套用概算定额计算所列各项的分部分项工程费；

④计算措施项目费；

⑤计算其他项目费、规费、税金；

⑥汇总计算工程概算造价。

建筑工程概算表见表 4-1。

表 4-1　建筑工程概算表

序号	项目编号	工程项目或费用名称	项目特征	单位	数量	综合单价/元	合价/元
1		分部分项工程					
1.1		土石方工程					
1.1.1	××	××××					
1.1.2	××	××××					
		......					
1.2		砌筑工程					
1.2.1	××	××××					
		......					
1.3		××工程					
1.3.1	××	××××					
		......					
		分部分项工程费小计					
2		可计量措施项目					
2.1		××工程					
2.1.1	××	××××					
		......					

序号	项目编号	工程项目或费用名称	项目特征	单位	数量	综合单价/元	合价/元
		可计量项目措施费小计					
3		综合取费措施费项目					
3.1		安全文明施工费					
3.2		夜间施工增加费					
		⋯⋯					
		综合取费项目措施费小计					
4		其他项目					
4.1		暂列金额					
4.2		计日工					
		⋯⋯					
		其他项目费小计					
5		规费项目					
5.1		社会保险					
5.2		住房公积金					
		⋯⋯					
		规费小计					
6		税金项目					
6.1		增值税					
6.2		城市维护建设税					
		⋯⋯					
		税金小计					
7		工程概算造价(合计)					

编制人：　　　审核人：　　　审定人：

概算定额法要求初步设计达到一定深度，建筑结构比较明确，能按照初步设计的平面图、立面图、剖面图纸计算出楼地面、墙身、门窗和屋面等扩大分项工程(或扩大结构构件)项目的工程量时，才可采用。

【例4-1】　某拟建办公楼面积为8 000 m²，根据初步设计图纸计算的土建部分的工程量和从概算定额中查出的扩大单价见表4-2。假设拟建工程所在地的不可计量项目措施费费率为工程费的10%，其他项目费为工程费与措施费之和的13%，规费为工程费与措施费之和的9%，综合税率为3.42%，且该拟建项目建设期间材料费调整系数为1.15(材料费占工程费比率为65%)。

试编制该办公楼土建部分的设计概算，计算土建部分总造价和单方造价。

表 4-2　扩大单价

分部工程名称(土建部分)	单位	工程量	扩大单价/元
基础工程	10 m³	280	3 600
混凝土及钢筋混凝土	10 m³	320	8 500
砌筑工程	10 m³	370	5 500
地面工程	100 m²	150	2 500
楼面工程	100 m²	180	2 800
卷材屋面	100 m²	54	6 300
门窗工程	100 m²	65	7 100
脚手架	100 m²	240	950

【解】

根据已知条件编制的办公楼土建部分的设计概算造价和单方造价见表 4-3。税金计算时，计算基数为工程费、措施费、其他项目费、规费与材料价差之和。

表 4-3　办公楼土建部分概算造价计算表

序号	分部工程或费用名称	单位	工程量	扩大单价/元	合价/万元
1	基础工程	10 m³	280	3 600	100.8
2	混凝土及钢筋混凝土	10 m³	320	8 500	272
3	砌筑工程	10 m³	370	5 500	203.5
4	地面工程	100 m²	150	2 500	37.5
5	楼面工程	100 m²	180	2 800	50.4
6	卷材屋面	100 m²	54	6 300	34.02
7	门窗工程	100 m²	65	7 100	46.15
8	脚手架	100 m²	240	950	22.8
A	工程费小计	以上 1~7 项之和	774.37		
B	措施费	A×10%＋22.8	100.237		
C	其他项目费	(A＋B)×13%	113.698 9		
D	规费	(A＋B)×9%	78.714 6		
E	材料价差	A×65%×0.15	75.501 1		
F	税金	(A＋B＋C＋D＋E)×3.42%	39.074 2		
	土建部分概算造价	A＋B＋C＋D＋E＋F			1 181.595 8
	单方造价	1 181.595 8÷8 000			1 476.99(元/ m²)

2)概算指标法。当设计图纸较简单，无法根据图纸计算出详细的实物工程量时，可以选择恰当的概算指标来编制概算。其主要步骤如下：

①根据拟建工程的具体情况，选择恰当的概算指标；

②根据选定的概算指标计算拟建工程概算造价；

③根据选定的概算指标计算拟建工程主要材料用量。

概算指标法适用于初步设计深度不够，不能准确计算出工程量，但工程设计是采用技术比较成熟而又有类似工程概算指标可以利用的情况。

由于拟建工程往往与类似工程的概算指标的技术条件不尽相同，且概算指标编制年份的设备、材料、人工等价格与拟建工程当时当地的价格也不一样，因此，采用概算指标法时须对其进行修正，修正算式为

$$修正后概算指标＝原概算指标－换出部分价值＋换入部分价值 \tag{4-1}$$

【例 4-2】 若例 4-1 中的拟建办公楼在技术设计阶段中将原来的钢筋混凝土条形基础改成了钢筋混凝土独立基础，相应的扩大单价变更为 4 200 元/10 m³，办公楼的建筑面积也由原来的 8 000 m² 扩大到 9 500 m²，其他结构与原设计方案相同。求拟建办公楼土建部分工程费的修正概算造价。

【解】 因拟建办公楼的基础形式与建筑面积在技术设计阶段发生了变更，需要对原设计概算进行修正。

修正后的土建工程费概算指标为

$$修正后概算指标＝原概算指标－换出部分价值＋换入部分价值$$

$$＝1\ 476.99-\frac{280\times 3\ 600}{8\ 000}+\frac{280\times 4\ 200}{8\ 000}=1\ 497.99（元/m^2）$$

拟建办公楼土建部分工程费的修正概算造价为

$$9\ 500\times 1\ 497.99＝14\ 230\ 905（元）$$

【例 4-3】 某学校新建教学楼建筑面积为 8 500 m²，土建部分的工程费为 1 013 元/m²，其水磨石楼地面为 110 元/m²。现该大学拟再建一栋 12 200 m² 类似的教学楼，拟采用地砖楼地面，估算单价为 160 元/m²，其他结构相同。求拟建教学楼土建部分工程费造价。

【解】 因拟建教学楼与新建成的教学楼建设时间相近，且在同一地点、结构形式相同，故不考虑两建筑的差异，可采用新建教学楼的土建工程费单价为概算指标，用于估算拟建教学楼的土建工程费即可。但因两栋建筑的楼地面材料不同，需要进行修正。

拟建教学楼修正后的土建工程费概算指标为

$$修正后概算指标＝原概算指标－换出部分价值＋换入部分价值$$

$$＝1\ 013-110+160＝1\ 063（元/m^2）$$

拟建教学楼土建部分的工程费概算值：

$$12\ 200\times 1\ 063＝12\ 968\ 600（元）$$

计算出教学楼土建部分的工程费概算值后，可参照概算定额法例 4-1 的计算程序和方法，计算出拟建教学楼土建部分的措施费、其他项目费、规费、税金等，从而求出拟建教学楼土建部分的概算造价和单方造价。

3)类似工程预算法。类似工程预算法是利用技术条件与设计对象相类似的已完工程或

在建工程的预算资料来编制拟建工程的概算。如果找不到合适的概算指标，也没有概算定额时，可以考虑采用类似的工程预算来编制设计概算。其主要编制步骤如下：

①根据设计对象的各种特征参数，选择最合适的类似工程预算；

②根据本地区现行的各种价格和费用标准计算类似工程预算的人工费修正系数、材料费修正系数、机械费修正系数、措施费修正系数、间接费修正系数等；

③根据类似工程预算修正系数和五项费用占预算成本的比重，计算预算成本总修正系数，并计算出修正后的类似工程平方米预算成本；

④根据类似工程修正后的平方米预算成本和编制概算地区的利税率计算修正后的类似工程平方米造价；

⑤根据拟建工程的建筑面积和修正后的类似工程平方米造价，计算拟建工程概算造价。

类似工程预算法计算公式为

$$D = A \times K \tag{4-2}$$

$$K = a\% K_1 + b\% K_2 + c\% K_3 + d\% K_4 + e\% K_5 \tag{4-3}$$

$$拟建工程概算造价 = D \times S \tag{4-4}$$

式中　D——拟建工程单方概算成本；

　　　A——类似工程单方预算成本；

　　　K——综合调整系数；

　　　S——拟建工程建筑面积；

　　　$a\%$、$b\%$、$c\%$、$d\%$、$e\%$——类似工程预算的人工费、材料费、机具使用费、企业管理费、规费占预算造价的比重，如：

$$a\% = \frac{类似工程人工费（或工资标准）}{类似工程预算造价} \times 100\%；$$

$b\%$、$c\%$、$d\%$、$e\%$类同。

　　　K_1、K_2、K_3、K_4、K_5——拟建工程地区与类似工程预算造价在人工费、材料费、机具使用费、企业管理费和规费之间的差异系数，如：

$$K_1 = \frac{拟建工程概算的人工费（或工资标准）}{类似工程预算人工费（或地区工资标准）}；$$

K_2、K_3、K_4、K_5类同。

【例4-4】　某公司拟建办公楼建筑面积为12 000 m^2，因初步设计深度不够，编制土建部分概算时采用了2016年建成的8 500 m^2某类似办公楼预算造价资料。类似办公楼造价数据及市场调查获得的目前相关价格资料见表4-4。假设拟建新办公楼所在地区的利润率为人工费与机具使用费之和的12%，综合税率为3.42%。试求：

①类似办公楼成本造价和平方米成本造价；

②用类似工程预算法编制拟建办公楼的概算造价和平方米造价。

（计算结果保留整数）

表 4-4　相关造价数据资料

序号	名称	单位	数量	2016 年单价/元	目前单价/元
1	人工	工日	44 908	80	105
2	钢筋	t	367	3 700	4 100
3	型钢	t	186	3 900	4 300
4	木材	m³	290	1 250	1 500
5	水泥	t	1 821	540	620
6	砂子	m³	3 563	110	130
7	石子	m³	3 978	95	115
8	砖	千块	1 300	350	400
9	木门窗	m²	1 577	530	610
10	其他材料	万元	210		调增系数 10%
11	机具使用费	万元	123		调增系数 10%
12	企业管理费占人工费＋机具使用费比例			25%	26%
13	规费占人工费＋机具使用费比例			20%	21%

【解】

①类似办公楼成本造价和平方米成本造价。

类似办公楼人工费：44 908×80＝3 592 640(元)

类似办公楼材料费：367×3 700＋186×3 900＋290×1 250＋1 821×540＋3 563×110＋

3 978×95＋1 300×350＋1 577×530＋2 100 000

＝7 589 790(元)

类似办公楼机具使用费＝1 230 000(元)

类似办公楼土建部分人工费＋材料费＋机具使用费＝3 592 640＋7 589 790＋1 230 000

＝12 412 430(元)

类似办公楼企业管理＝(3 592 640＋1 230 000)×25%＝1 205 660(元)

类似办公楼利润＝(3 592 640＋1 230 000)×12%＝578 716.8(元)

类似办公楼规费＝(3 592 640＋1 230 000)×20%＝964 528(元)

类似办公楼成本造价＝人工费＋材料费＋机具使用费＋企业管理费＋规费

＝3 592 640＋7 589 790＋1 230 000＋1 205 660＋964 528

＝14 582 618(元)

类似办公楼平方米成本造价＝$\dfrac{14\ 582\ 618}{8\ 500}$＝1 716(元/m²)

②拟建新办公楼的概算造价和平方米造价。

首先求出类似办公楼人工费、材料费、机械使用费、企业管理费、规费等占其预算

成本造价的百分比。然后，求出拟建新办公楼的人工费、材料费、机械使用费、企业管

理费、规费与类似办公楼之间的差异系数。进而求出综合调整系数(K)和拟建新住宅的概算造价。

a. 求类似办公楼各费用占其成本造价的百分比:

$$人工费占成本造价百分比=\frac{3\,592\,640}{14\,582\,618}=24.64\%$$

$$材料费占成本造价百分比=\frac{7\,589\,790}{14\,582\,618}=52.05\%$$

$$机具使用费占成本造价百分比=\frac{1\,230\,000}{14\,582\,618}=8.43\%$$

$$企业管理费占成本造价百分比=\frac{1\,205\,660}{14\,582\,618}=8.27\%$$

$$规费占造价成本百分比=\frac{964\,528}{14\,582\,618}=6.61\%$$

b. 求拟建新办公楼与类似办公楼在各项费用上的差异系数:

$$人工费差异系数(K_1)=\frac{105}{80}=1.31$$

$$
\begin{aligned}
材料费差异系数(K_2)&=(367\times4\,100+186\times4\,300+290\times1\,500+1\,821\times620+3\,563\times\\
&\quad130+3\,978\times115+1\,300\times400+1\,577\times610+2\,100\,000\times1.1)\div\\
&\quad7\,589\,790\\
&=8\,581\,150\div7\,589\,790=1.13
\end{aligned}
$$

$$机具使用费差异系数(K_3)=1.1$$

$$企业管理费差异系数(K_4)=\frac{(44\,908\times105+1\,230\,000\times1.1)\times26\%}{1\,205\,660}=1.31$$

$$规费差异系数(K_5)=\frac{(44\,908\times105+1\,230\,000\times1.1)\times21\%}{964\,528}=1.32$$

c. 求综合调价系数(K):

$$
\begin{aligned}
K&=24.64\%\times1.31+52.05\%\times1.13+8.43\%\times1.1+8.27\%\times1.31+6.61\%\times1.32\\
&=1.2
\end{aligned}
$$

d. 拟建新办公楼概算造价=成本造价+利润+税金

$$
\begin{aligned}
&=\left(1\,716\times1.2\times12\,000+\frac{44\,908\times105+1\,230\,000\times1.1}{8\,500}\times12\,000\times12\%\right)\times(1+3.42\%)\\
&=26\,618\,703(元)=2\,662(万元)
\end{aligned}
$$

e. 拟建新办公楼单方概算造价$=\dfrac{26\,618\,703}{12\,000}$

$$=2\,218(元/m^2)$$

(2)设备及安装工程概算的编制方法。

1)设备购置费概算的编制。设备购置费是根据初步设计的设备清单计算出设备原价,并汇总求出设备总原价,然后按有关规定的设备运杂费费率乘以设备总原价,两项相加即为设备购置费概算。

2)设备安装工程费概算的编制。设备安装工程费概算的编制方法是根据初步设计深度确定的,其主要编制方法如下:

①预算单价法。当初步设计较深,有详细的设备清单时,可直接按安装工程预算定额

单价来编制安装工程概算，概算编制程序基本同安装工程施工图预算。该法具有计算比较具体、精确性较高的优点。

②扩大单价法。当初步设计深度不够，设备清单不完备，只有主体设备或仅有成套设备质量时，可采用主体设备、成套设备的综合扩大安装单价来编制概算。

③设备价值百分比法(安装设备百分比法)。当初步设计深度不够，只有设备出厂价而无详细规格、质量时，安装费可按占设备费的百分比计算。其百分比值(即安装费费率)由主管部门制定或由设计单位根据已完类似工程确定。该法常用于价格波动不大的定型产品和通用设备产品。其计算公式为

$$设备安装费＝设备原价×安装费费率(\%) \tag{4-5}$$

④综合吨位指标法。当初步设计提供的设备清单有规格和设备质量时，可采用综合吨位指标编制概算，其综合吨位指标由主管部门或由设计院根据已完类似工程资料确定。该法常用于设备价格波动较大的非标准设备和进口设备的安装工程概算。其计算公式为

$$设备安装费＝设备质量×每吨设备安装费指标(元/t) \tag{4-6}$$

3. 单项工程概算的编制

单项工程综合概算是由该单项工程各专业的单位工程概算汇总而成的，一般包括编制说明(不编制建设项目总概算时列入)和综合概算表(含其所附的单位工程概算表和建筑材料表)两大部分。当建设项目只有一个单项工程时，单项工程综合概算即为建设项目总概算，这时的单项工程综合概算除包括上述两大部分外，还应包括工程建设其他费、建设期贷款利息和预备费的概算。

(1)编制说明。单项工程综合概算的编制说明主要内容有以下几项：

1)编制依据。包括国家和有关部门的规定、设计文件、现行概算定额或概算指标、设备材料的预算价格和费用指标等。

2)编制方法。说明设计概算是采用概算定额法，还是采用概算指标法。

3)主要设备、材料(钢材、木材、水泥)的数量。

4)其他需要说明的有关问题。

(2)综合概算表。单项工程综合概算表是根据单项工程所辖范围内的各单位工程概算等基础资料，按照规定的统一表格进行编制，见表4-5。综合概算的费用一般应包括建筑工程费、安装工程费、设备购置及工(器)具和生产家具购置费。

对于工业建筑，概算包括建筑工程和设备及安装工程；对于民用建筑，概算包括土建工程、给水排水、采暖、通风及电气照明工程等。

表 4-5　单项工程综合概算表

序号	概算编号	工程或费用名称	概算价值/元					其中：引进部分		技术经济指标		
			建筑工程费	安装工程费	设备及工(器)具购置费	工程建设其他费	合计	美元	折合人民币	单位	数量	单价/(元·m^{-2})
1		主要工程										
1.1	×	××××										

序号	概算编号	工程或费用名称	概算价值/元					其中:引进部分		技术经济指标		
			建筑工程费	安装工程费	设备及工(器)具购置费	工程建设其他费	合计	美元	折合人民币	单位	数量	单价/(元·m⁻²)
	×	……										
2		辅助工程										
2.1	×	××××										
	×	……										
3		配套工程										
3.1	×	××××										
	×	……										
4		综合概算造价(合计)										
5		占综合概算造价比例										

编制人:　　　　审核人:　　　　审定人:

【例 4-5】 某铝厂电解车间单项工程项目包括建筑工程(一般土建、电解槽基础、氧化铝、工业炉筑炉、工艺管道)、设备及安装工程(机械设备及安装、电解系列母线安装、电力设备及安装、自控系统设备及安装)、工(器)具和生产家具购置三项内容,根据该工程所在地现行概算定额和价格编制的单项工程综合概算见表4-6。

表 4-6 单项工程综合概算

序号	工程或费用名称	概算价值/元					技术经济指标		
		建筑工程费	安装工程费	设备及工器具购置费	工程建设其他费	合计	单位	数量	单位价值/(元·m⁻²)
①	②	③	④	⑤	⑥	⑦	⑧	⑨	⑩
一	建筑工程	4 857 914				4 857 914	m²	3 600	1 349.4
1	一般土建	3 187 475				3 187 475			
2	电解槽基础	203 800				203 800			
3	氧化铝	120 000				120 000			
4	工业炉筑炉	1 286 700				1 286 700			
5	工艺管道	25 646				25 646			
6	照明	34 293				34 293			
二	设备及安装工程		3 843 972	3 188 173		7 032 145	m²	3 600	1 953.4
1	机械设备及安装		2 005 995	3 153 609		5 159 604			
2	电解系列母线安装		1 778 550			1 778 550			
3	电力设备及安装		57 337	30 574		87 911			
4	自控系统设备及安装		2 090	3 990		6 080			
三	工(器)具和生产家具购置			47 304		47 304	m²	3 600	13.1
	合计	4 857 914	3 843 972	3 235 477		11 937 363			3 315.9
	占综合概算造价比例	40.7%	32.2%	27.1%		100%			

4. 建设项目总概算的编制

建设项目总概算是确定整个建设项目从筹建到竣工交付使用所预计花费的全部费用的文件,是由各单项工程综合概算、工程建设其他费、建设期贷款利息、预备费和经营性项目的铺底流动资金概算所组成。

建设项目总概算文件一般应包括封面及目录、编制说明、总概算表、工程建设其他费概算表、单项工程综合概算表、单位工程概算表、工程量计算表、分年度投资汇总表、分年度资金流量汇总表、主要材料汇总表与工日数量表等。

(1)封面、签署页(表 4-7)。

表 4-7　封面、签署页格式

建设项目设计概算文件

建设单位：＿＿＿＿＿＿＿＿＿＿＿＿＿＿＿＿＿＿＿＿＿＿＿＿＿＿＿＿

建设项目名称：＿＿＿＿＿＿＿＿＿＿＿＿＿＿＿＿＿＿＿＿＿＿＿＿＿＿

设计单位(或工程造价咨询单位)：＿＿＿＿＿＿＿＿＿＿＿＿＿＿＿＿＿

编制单位：＿＿＿＿＿＿＿＿＿＿＿＿＿＿＿＿＿＿＿＿＿＿＿＿＿＿＿＿

编制人(资格证号)：＿＿＿＿＿＿＿＿＿＿＿＿＿＿＿＿＿＿＿＿＿＿＿

审核人(资格证号)：＿＿＿＿＿＿＿＿＿＿＿＿＿＿＿＿＿＿＿＿＿＿＿

项目负责人：＿＿＿＿＿＿＿＿＿＿＿＿＿＿＿＿＿＿＿＿＿＿＿＿＿＿

总工程师：＿＿＿＿＿＿＿＿＿＿＿＿＿＿＿＿＿＿＿＿＿＿＿＿＿＿＿

单位负责人：＿＿＿＿＿＿＿＿＿＿＿＿＿＿＿＿＿＿＿＿＿＿＿＿＿＿

年　　　月　　　日

(2)编制说明。编制说明应包括下列内容：

1)工程概况。简述建设项目性质、特点、生产规模、建设周期、建设地点等主要情况。引进项目要说明引进内容以及与国内配套工程等主要情况。

2)资金来源及投资方式。

3)编制依据及编制原则。

4)编制方法。说明设计概算是采用概算定额法，还是采用概算指标法等。

5)投资分析。主要分析各项投资的比重、各专业投资的比重等经济指标。

6)其他需要说明的问题。

(3)总概算表(表4-8)。

表 4-8　建设项目总概算表

序号	概算编号	工程或费用名称	概算价值/元					其中：引进部分		技术经济指标		
			建筑工程费	安装工程费	设备及工(器)具购置费	工程建设其他费	合计	美元	折合人民币	单位	数量	单价/(元·m^{-2})
1		工程费用										
1.1		主要工程										
1.2		辅助工程										
1.3		配套工程										
2		工程建设其他费										
3		预备费										
4		建设期利息										
5		流动资金										
6		总概算造价(合计)										
7		占总概算造价比例										

编制人：　　　　审核人：　　　　审定人：

总概算表应反映静态投资和动态投资两部分。静态投资是按设计概算编制期价格、费率、利率、汇率等确定的投资；动态投资是指概算编制时期到竣工验收前因价格变化等多种因素所需的投资。

【例 4-6】 K 电气设备制造厂设计生产能力为 60 万台/年，该制造厂工程建设项目包括：主要生产工程、辅助生产工程、公共设施工程，工程建设其他费用包括土地使用费、勘察设计费和其他费用三方面，基本预备费估计为 308 万，价差预备费估计为 421.6 万，建设期贷款利息估计为 324 万，铺底流动资金估计为 500 万，根据该设备制造厂所在地现行概算定额和价格编制的建设项目总概算见表 4-9。

表 4-9　K 电气设备制造厂建设项目总概算表

序号	工程项目或费用名称	建设规模/(万台·年⁻¹)	概算价值/万元 静态部分 建筑工程费用	设备购置费 需安装设备	设备购置费 不需安装设备	安装工程费	其他	合计	其中外币(币种)	动态部分 合计	动态部分 其中外币(币种)	静态、动态合计	技术经济指标 静态指标/(元·t⁻¹)	动态指标/(元·t⁻¹)	占固定资产投资/% 静态部分	动态部分
1	工程费用															
1.1	主要生产工程	40	764.08	1 286.00	59.30	64.30		2 173.68				2 173.68				
1.2	辅助生产工程		242.13	854.00	27.00	42.70		1 165.83				1 165.83				
1.3	公共设施工程		122.65	86.00	56.00	4.30		268.95				268.95				
	小计		1 128.86	2 226.00	142.30	111.30		3 608.46				3 608.46				
2	工程建设其他费用															
2.1	土地使用费						75.20	75.20				75.20				
2.2	勘察设计费						113.00	113.00				113.00				
2.3	其他						66.00	66.00				66.00				
	小计						254.20	254.20				254.20	254.20			
3	预备费															
3.1	基本预备费						308.00	308.00				308.00	308.00			
3.2	价差预备费									421.60		421.60		354.60		
	小计						308.00	308.00		421.60		729.60	308.00	354.60		
4	建设期贷款利息									324.00		324.00		324.00		
	固定资产投资合计	40	1 128.86	2 226.00	142.30	111.30	562.20	4 170.66		745.60		4 916.26	4 170.66	745.60	84.83	15.17
5	铺底流动资金							500.00				500.00				
6	总概算造价(合计)											5 416.26				
7	占总概算造价比例		20.84%	41.1%	2.63%	2.05%	10.38%	77%		13.77%						

(4)工程建设其他费用概算表。工程建设其他费用概算按国家、地区或部委所规定的项目和标准确定，并按统一表格式编制，见表 4-10。

表 4-10　工程建设其他费用概算表

序号	费用项目编号	费用项目名称	费用计算基数	费率	金额	计算公式	备注
1							
2							
	合计						

编制人：　　　　审核人：　　　　审定人：

(5)单项工程综合概算表和建筑安装单位工程概算表。

(6)工程量计算表和工、料数量汇总表。

（7）分年度投资汇总表（表4-11）。

表 4-11　分年度投资汇总表

序号	主项号	工程项目或费用名称	总投资/万元		分年度投资/万元										备注
			总计	其中外币	第一年		第二年		第三年		第四年		…		
					总计	其中外币	总计	其中外币	总计	其中外币	总计	其中外币	总计	其中外币	

编制人：　　　　审核人：　　　　审定人：

4.1.3 设计概算的审查

1. 设计概算审查的意义

(1)有利于合理分配投资资金、加强投资计划管理，有助于合理确定和有效控制工程造价。设计概算编制偏高或偏低，不仅影响工程造价的控制，也会影响投资计划的真实性，影响投资资金的合理分配。

(2)有利于促进概算编制单位严格执行国家有关概算的编制规定和费用标准，从而提高概算的编制质量。

(3)有利于促进设计的技术先进性与经济合理性。概算中的技术经济指标，是概算的综合反映，与同类工程对比，便可看出它的先进与合理程度。

(4)有利于核定建设项目的投资规模，可以使建设项目总投资力求做到准确、完整，防止任意扩大投资规模或出现漏项，从而减少投资缺口，缩小概算与预算之间的差距，避免故意压低概算投资，搞"钓鱼"项目，最后导致实际造价大幅度突破概算。

(5)经审查的概算，有利于为建设项目投资的落实提供可靠的依据。打足投资，不留缺口，有助于提高建设项目的投资效益。

2. 设计概算的审查内容

(1)审查概算的编制依据。

1)依据的合法性。设计概算采用的各种编制依据必须经过国家和授权机关的批准，符合国家的编制规定，未经批准的不能采用。不能强调情况特殊，擅自提高概算定额、指标或费用标准。

2)依据的时效性。设计概算编制的各种依据，如定额、指标、价格、取费标准等，都应根据国家有关部门的现行规定进行，注意有无调整和新的规定，如有，应按新的调整办法和规定执行。

3)依据的适用范围。各种编制依据都有规定的适用范围，如各主管部门规定的各种专业定额及其取费标准，只适用于该部门的专业工程；各地区规定的各种定额及其取费标准，只适用于该地区范围内，特别是地区的材料预算价格区域性更强，如某市有该市区的材料预算价格，同时，又编制了郊区内一个矿区的材料预算价格，在编制该矿区某工程概算时，应采用该矿区的材料预算价格。

(2)审查概算的编制深度。

1)审查编制说明。审查编制说明可以检查概算的编制方法、深度和编制依据等重大原则问题，若编制说明有差错，具体概算必有差错。

2)审查概算编制深度。一般大、中型项目的设计概算，应有完整的编制说明和"三级概算"(即总概算表、单项工程综合概算表、单位工程概算表)，并按有关规定的深度进行编制。审查其编制深度是否到位，有无随意简化的情况。

3)审查概算的编制范围。审查概算编制范围及具体内容是否与主管部门批准的建设项目范围及具体工程内容一致；审查分期建设项目的建筑范围及具体工程内容有无重复交叉，是否重复计算或漏算；审查其他费用应列的项目是否符合规定，静态投资、动态投资和经营性项目铺底流动资金是否分别列出等。

(3)审查概算的编制内容。

1)审查概算的编制是否符合国家政策，是否根据工程所在地的自然条件编制。

2)审查建设规模(投资规模、生产能力等)、建设标准(用地指标、建筑标准等)、配套工程、设计定员等是否符合原批准的可行性研究报告或立项批文的标准。对总概算投资超过批准投资估算10%以上的，应查明原因，重新上报审批。

3)审查编制方法、计价依据和程序是否符合现行规定，包括定额或指标的适用范围和调整方法是否正确。进行定额或指标的补充时，要求补充定额的项目划分、内容组成、编制原则等要与现行的定额精神相一致等。

4)审查工程量是否正确。工程量的计算是否根据初步设计图纸、概算定额、工程量计算规则和施工组织设计的要求进行，有无多算、重算和漏算，尤其对工程量大、造价高的项目要重点审查。

5)审查材料用量和价格。审查主要材料(钢材、木材、水泥、砖)的用量数据是否正确，材料预算价格是否符合工程所在地的价格水平，材料价差调整是否符合现行规定及其计算是否正确等。

6)审查设备规格、数量和配置是否符合设计要求，是否与设备清单相一致，设备预算价格是否真实，设备原价和运杂费的计算是否正确，非标准设备原价的计价方法是否符合规定，进口设备的各项费用组成及计算程序、方法是否符合国家主管部门的规定。

7)审查建筑安装工程的各项费用的计取是否符合国家或地方有关部门的现行规定，计算程序和取费标准是否正确。

8)审查综合概算、总概算的编制内容、方法是否符合现行规定和设计文件的要求，有无设计文件外项目，有无将非生产性项目以生产性项目列入。

9)审查总概算文件的组成内容是否完整地包括了建设项目从筹建到竣工投产为止的全部费用组成。

10)审查工程建设其他各项费用。这部分费用内容多、弹性大，约占项目总投资的25%以上，要按国家和地区规定逐项审查，不属于总概算范围的费用项目不能列入概算，具体费率或计取标准是否按国家、行业有关部门规定计算，有无随意列项，有无多列、交叉计列和漏项等。

11)审查项目的"三废"治理。拟建项目必须同时安排"三废"(废水、废气、废渣)的治理方案和投资，对于未作安排、漏项或多算、重算的项目，要按国家有关规定核实投资，以满足"三废"排放达到国家标准。

12)审查技术经济指标。技术经济指标计算方法和程序是否正确，综合指标和单项指标与同类型工程指标相比，是偏高还是偏低，其原因是什么并予纠正。

13)审查投资经济效果。设计概算是初步设计经济效果的反映，要按照生产规模、工艺流程、产品品种和质量，从企业的投资效益和投产后的运营效益全面分析，是否达到了先进可靠、经济合理的要求。

3. 审查设计概算的方法

采用适当方法审查设计概算，是确保审查质量、提高审查效率的关键。常用方法有以下几种：

(1)对比分析法。对比分析法主要是通过建设规模、标准与立项批文对比；工程数量与设计图纸对比；综合范围、内容与编制方法、规定对比；各项取费与规定标准对比；材料、人工单价与统一信息对比；引进设备、技术投资与报价要求对比；技术经济指标与同类工程对比等；通过以上对比，容易发现设计概算存在的主要问题和偏差。

（2）查询核实法。查询核实法是对一些关键设备和设施、重要装置、引进工程图纸不全、难以核算的较大投资进行多方查询核对，逐项落实的方法。主要设备的市场价可向设备供应部门或招标公司查询核实；重要生产装置、设施可向同类企业（工程）查询了解；引进设备价格及有关税费可向进出口公司调查落实；复杂的建筑安装工程可向同类工程的建设、承包、施工单位征求意见；深度不够或不清楚的问题直接向原概算编制人员、设计者询问清楚。

（3）联合会审法。联合会审前，可先采取多种形式分头审查，包括设计单位自审，主管、建设、承包单位初审，工程造价咨询公司评审，邀请同行专家预审，审批部门复审等，经层层审查把关后，由有关单位和专家进行联合会审。在会审大会上，由设计单位介绍概算编制情况及有关问题，各有关单位、专家汇总初审、预审意见，然后进行认真分析、讨论，结合对各专业技术方案的审查意见所产生的投资增减，逐一核实原概算出现的问题。经过充分协商，认真听取设计单位意见后，实事求是地处理和调整。

通过以上复审后，对审查中发现的问题和偏差，按照单项、单位工程的顺序，先按设备费、安装工程费、建筑工程费和工程建设其他费用分类整理；然后按照静态投资、动态投资和铺底流动资金三大类，汇总核增或核减的项目及其投资额；最后将具体审核数据，按照"原编概算""审核结果""增减投资""增减幅度"四栏列表，并按照原总概算表汇总顺序，将增减项目逐一列出，相应调整所属项目投资合计，再依次汇总审核后的总投资及增减投资额。对于差错较多、问题较大或不能满足要求的，责成按会审意见修改返工后，重新报批；对于无重大原则问题，深度基本满足要求，投资增减不多的，当场核定概算投资额，并提交审批部门复核后，正式下达审批概算。

4.2 施工图预算概述

施工图预算是施工图设计预算的简称，是由设计单位在施工图设计完成后，根据施工图设计图纸、现行预算定额、费用定额以及地区设备、材料、人工、施工机械台班等预算价格编制和确定的建筑安装工程造价的文件。

施工图预算是控制施工图设计不突破设计概算的重要措施，是编制或调整固定资产投资计划的依据。对于实行施工招标的工程，施工图预算是编制标底的依据；对于不宜实行招标而采用施工图预算加调整价结算的工程，施工图预算可作为确定合同价款的基础。

4.2.1 施工图预算的内容

施工图预算同设计概算一样，可分为单位工程施工图预算、单项工程施工图预算和建设项目总预算。

单位工程预算是根据施工图设计文件、现行预算定额、费用定额以及人工、材料、设备、机械台班等预算价格资料，以一定的方法编制的单位工程的施工图预算；然后汇总所有各单位工程施工图预算，成为单项工程施工图预算；再汇总各单项工程施工图预算便形成了建设项目的总预算。

单位工程预算包括建筑工程预算和设备安装工程预算。

建筑工程预算可分为土建工程预算、室内外给水排水工程预算、采暖通风工程预算、煤气工程预算、电气照明工程预算、弱电工程预算、特殊构筑物（如炉窑、烟囱、水塔等）工程预算和工业管道工程预算。

设备安装工程预算可分为机械设备安装工程预算、电气设备安装工程预算和热力设备安装工程预算等。

4.2.2　施工图预算的编制

1. 施工图预算编制依据

(1)施工图纸及说明书和标准图集。

(2)现行预算定额及单位估价表。

(3)施工组织设计或施工方案。

(4)材料、人工、机械台班预算价格及调价规定。

(5)建筑安装工程费用定额。

(6)建设现场的自然与施工条件。

2. 施工图预算的编制方法

(1)工料机单价法。工料机单价法是根据施工图和预算定额，先计算出分项工程量，然后乘以对应的定额基价（包含人工费、材料费、机械费三项），将求出的人工费、材料费、机械费三项相加，得出各分项工程的直接工程费，将各分项工程的直接工程费汇总为单位工程直接工程费，以直接工程费为计算基数，分别求出措施费、其他项目费、利润、规费、税金等，最后汇总成施工图预算造价。

(2)综合单价法。建筑工程费用的细分组成是：人工费、材料费、机械费、措施费、规费、管理费、利润、税金。我国许多地区定额的基价均为人工、材料、机械单价三者的和，但也有些地区定额的基价却不是人工、材料、机械之和，如深圳市定额的基价就是人工、材料、机械、管理费、利润五者之和。这种非人工、材料、机械三者之和的定额基价，统称为综合单价，综合单价法就是根据综合单价为基价编制施工图预算的一种方法。

综合单价法编制预算的思路为：先算出分项工程量，然后乘以定额中对应的综合单价并汇总，再求出综合单价中没有包括的费用项目（如深圳市需求措施费、规费、税金等），最后汇总成施工图预算造价。

4.2.3　施工图预算的审查

1. 施工图预算审查的意义

(1)有利于控制工程造价，防止预算超概算。

(2)有利于加强固定资产投资管理，节约建设资金。

(3)有利于施工承包合同价的合理确定和控制。

(4)有利于积累和分析各项技术经济指标。

2. 施工图预算审查的内容

(1)工程量。

1)土方工程。

①平整场地、挖地槽、挖地坑、挖土方工程量的计算是否符合现行定额计算规定和施工图纸标注尺寸，土壤类别是否与勘察资料一致，地槽与地坑放坡、挡土板是否符合设计要求，有无重算和漏算。

②回填土工程量计算是否扣除了基础所占体积，地面和室内填土的厚度是否符合设计要求。

③运土方的审查除注意运土距离外，还要注意运土数量是否扣除了就地回填的土方。

2)打桩工程。

①注意审查各种不同桩料，必须分别计算，施工方法必须符合设计要求。

②桩料长度必须符合设计要求，桩料长度如果超过一般桩料长度需要接桩时，注意审查接头数是否正确。

3)砖石工程。

①墙基和墙身的划分是否符合规定。

②按规定不同厚度的内、外墙是否分别计算，应扣除的门窗洞口及埋入墙体各种钢筋混凝土梁、柱等是否已经扣除。

③不同砂浆强度等级的墙和定额规定按立方米或按平方米计算的墙，有无混淆、错算或漏算。

4)混凝土及钢筋混凝土工程。

①现浇与预制构件是否分别计算，有无混淆。

②现浇柱与梁、主梁与次梁及各种构件计算是否符合规定，有无重算或漏算。

③有筋与无筋构件是否按设计规定分别计算，有无混淆。

④钢筋混凝土的含钢量与预算定额的含钢量发生差异时，是否按规定予以增减调整。

5)木结构工程。

①门窗是否分为不同种类，按门、窗洞口面积计算。

②木装修的工程量是否按规定分别以延长米或平方米计算。

6)楼地面工程。

①楼梯抹面是否按踏步和休息平台部分的水平投影面积计算。

②细石混凝土地面找平层的设计厚度与定额厚度不同时，是否按其厚度进行换算。

7)屋面工程。

①卷材屋面工程是否与屋面找平层工程量相等。

②屋面保温层的工程量是否按屋面层的建筑面积乘以保温层平均厚度计算，不做保温层的挑檐部分是否按规定不作计算。

8)构筑物工程。当烟囱和水塔定额是以座编制时，地下部分已包括在定额内，按规定不能再另行计算。审查是否符合要求，有无重算。

9)装饰工程。内墙抹灰的工程量是否按墙面的净高和净宽计算，有无重算或漏算。

10)金属构件制作工程。金属构件制作工程量多数以 t 为单位。在计算时，型钢按图示尺寸求出长度，再乘以每米的质量；钢板要求算出面积再乘以每平方米的质量。审查是否符合规定。

11)水暖工程。

①室内外排水管道、暖气管道的划分是否符合规定。

②各种管道的长度、口径是否按设计规定计算。

③室内给水管道不应扣除阀门、接头零件所占的长度,但应扣除卫生设备(浴盆、卫生盆、冲洗水箱、淋浴器等)本身所附带的管道长度,审查是否符合要求,有无重算。

④室内排水工程采用承插铸铁管,不应扣除异形管及检查口所占长度。审查是否符合要求,有无漏算。

⑤室外排水管道是否已扣除了检查井所占的长度。

⑥暖气片的数量是否与设计一致。

12)电气照明工程。

①灯具的种类、型号、数量是否与设计图一致。

②线路的敷设方法、线材品种等,是否达到设计标准,工程量计算是否正确。

13)设备及其安装工程。

①设备的种类、规格、数量是否与设计相符,工程量计算是否正确。

②需要安装的设备和不需要安装的设备是否分清,有无将不需安装的设备作为安装的设备计算安装工程费用。

(2)审查设备、材料的预算价格。

1)审查设备、材料的预算价格是否符合工程所在地的真实价格及价格水平。若是采用市场价,要核实其真实性、可靠性;若是采用有权部门公布的信息价,要注意信息价的时间、地点是否符合要求,是否要按规定调整。

2)设备、材料的原价确定方法是否正确。非标准设备原价的计价依据、方法是否正确、合理。

3)设备的运杂费费率及其运杂费的计算是否正确,材料预算价格的各项费用的计算是否符合规定、正确。

(3)审查预算单价的套用。

1)预算中所列各分项工程预算单价是否与现行预算定额的预算单价相符,其名称、规格、计量单位和所包括的工程内容是否与单位估价表一致。

2)审查换算的单价,首先要审查换算的分项工程是否是定额中允许换算的,其次审查换算是否正确。

3)审查补充定额和单位估价表的编制是否符合编制原则,单位估价表计算是否正确。

(4)审查有关费用项目及其计取。

1)措施费及间接费的计取基础是否符合现行规定,有无不能作为计费基础的费用被列入了计费的基础。

2)预算外调增的材料差价是否计取了间接费。直接费或人工费增减后,有关费用是否相应作了调整。

3)有无巧立名目,乱计费、乱摊费用现象。

3. 施工图预算审查的方法

(1)全面审查法。全面审查法又称逐项审查法,就是按预算定额顺序或施工的先后顺序，逐一地全部进行审查的方法。其具体计算方法和审查过程与编制施工图预算基本相同。此方法的优点是全面、细致，经审查的工程预算差错比较少，质量比较高；其缺点是工作量大。对于一些工程量比较小、工艺比较简单的工程，编制工程预算的技术力量又比较薄弱，可采用全面审查法。

（2）标准预算审查法。对于利用标准图纸或通用图纸施工的工程，先集中力量，编制标准预算，以此为标准审查预算的方法。按标准图纸设计或通用图纸施工的工程一般上部结构和做法相同，可集中力量细审一份预算或编制一份预算，作为这种标准图纸的标准预算，或用这种标准图纸的工程量为标准，对照审查，而对局部不同的部分作单独审查即可。这种方法的优点是时间短、效果好、好定案；其缺点是只适应按标准图纸设计的工程，适用范围小。

（3）分组计算审查法。分组计算审查法是一种加快审查工程量速度的方法，具体做法是把预算中的项目划分为若干组，并把相邻且有一定内在联系的项目编为一组，审查或计算同一组中某个分项工程量，利用工程量间具有相同或相似计算基础的关系，判断同组中其他几个分项工程量计算的准确程度的方法。

（4）对比审查法。对比审查法是用已建成工程的预算或虽未建成但已审查修正的工程预算对比审查拟建的类似工程预算的一种方法。

（5）筛选审查法。建筑工程虽然有建筑面积和高度的不同，但是它们的各个分部分项工程的工程量、造价、用工量在每个单位面积上的数值变化不大，我们把这些数据加以汇集、优选、归纳为工程量、造价、用工三个单方基本值表，并注明其适用的建筑标准。这些基本值犹如"筛子孔"，用来筛选各分部分项工程，筛下去的就不审查了，没有筛下去的就意味着此分部分项的单位建筑面积数值不在基本值范围之内，应对该分部分项工程详细审查。当所审查的预算的建筑面积标准与"基本值"所适用的标准不同，就要对其进行调整。

筛选法的优点是简单易懂，便于掌握，审查速度和发现问题快，但解决差错分析其原因需继续审查，该法可用于住宅工程或不具备全面审查条件的工程。

（6）重点抽查法。此法是抓住工程预算中的重点进行审查的方法。审查的重点一般是：工程量大或造价较高、工程结构复杂的工程，补充单位估价表，计取各项费用（计费基础、取费标准等）。

重点抽查法的优点是重点突出，审查时间短、效果好。

（7）利用手册审查法。此法是将工程中常用的构件、配件事先整理成预算手册，按手册对照审查的方法。如工程常用的预制构配件：洗池、大便台、检查井、化粪池、碗柜等，几乎每个工程都有，把这些按标准图集计算出工程量，套上单价，编制成预算手册使用，可大大简化预结算的编审工作。

（8）分解对比审查法。一个单位工程，按直接费与间接费进行分解，然后再将直接费按工种和分部工程进行分解，分别与审定的标准预算进行对比分析的方法，叫作分解对比审查法。

分解对比审查法一般有以下三个步骤：

第一步，全面审查某种建筑的定型标准施工图或复用施工图的工程预算，经审定后作为审查其他类似工程预算的对比基础。将审定预算按直接费与应取费用分解成两部分，再把直接费分解为各工种工程和分部工程预算，分别计算出它们的每平方米预算价格。

第二步，把拟审核的工程预算与同类型预算单方造价进行对比，若出入在1‰～3‰以内（根据本地区要求），再按分部分项工程进行分解，边分解边对比，对出入较大者，就进一步审查。

第三步，对比审查。其方法如下：

1）经分析对比，如发现应取费用相差较大，应考虑建设项目的投资来源和工程类别及取费项目和取费标准是否符合现行规定；材料调价相差较大，则应进一步审查材料调价统计表，将各种调价材料的用量、单位差价及其调增数量等进行对比。

2）经过分解对比，如发现土建工程预算价格出入较大，首先审查其土方和基础工程，因为±0.000以下的工程往往相差较大。再对比其余各个分部工程，发现某一分部工程预算价格相差较大时，再进一步对比各分项工程或工程细目。在对比时，先检查所列工程细目是否正确，预算价格是否一致。发现相差较大者，再进一步审查所套预算单价，最后审查该项工程细目的工程量。

4. 施工图预算审查的步骤

（1）做好审查前的准备工作。

1）熟悉施工图纸；

2）了解预算包括的范围；

3）弄清楚预算采用的单位估价表。

（2）选择合适的审查方法，按相应内容审查。由于工程规模、繁简程度不同，施工方法和施工企业情况不一样，所编工程预算的质量也不同，因此，需选择适当的审查方法进行审查。综合整理审查资料，并与编制单位交换意见，定案后编制调整预算。审查后，需要进行增加或核减的，经与编制单位协商，统一意见后，进行相应的修正。

4.3　综合应用示例

📖 **背景资料**

某综合楼工程建筑面积为1 360 m²，根据初步设计图纸计算出的土建单位工程各扩大分项工程的工程量清单和由概算定额查出的扩大单价见表4-12。

表4-12　扩大单价

定额号	扩大分项工程名称	单位	工程量	扩大单价/元
3-1	土方及砖基础	10 m³	1.96	1 614.16
3-27	砖外墙	100 m²	2.184	4 035.03
3-29	砖内墙	100 m²	2.292	4 885.22
4-21	土方及无筋混凝土带基	m³	206.024	559.24

定额号	扩大分项工程名称	单位	工程量	扩大单价/元
4-24	混凝土满堂基础	m³	169.47	542.74
4-26	混凝土设备基础	m³	1.58	382.7
4-33	现浇混凝土矩形梁	m³	37.86	952.51
4-38	现浇混凝土墙	m³	470.12	670.74
4-40	现浇混凝土有梁板	m³	134.82	786.86
4-44	现浇整体楼梯	10 m²	4.44	1 310.26
5-42	铝合金地弹门	樘	2	1 725.69
5-45	铝合金推拉窗	樘	15	653.54
7-23	双面夹板门	樘	18	314.36
8-81	防滑砖地面	100 m²	2.72	9 920.94
8-82	防滑砖楼面	100 m²	10.88	8 935.81
8-83	防滑砖楼梯	100 m²	0.444	10 064.39
9-23	珍珠岩找坡保温层	10 m³	2.72	3 634.34
9-70	二毡三油一砂防水层	100 m²	2.72	5 428.8

工程所在地现行费用定额规定：零星工程费为清单费用的 8%，措施费为分部分项工程费的 10%，其他项目费为分部分项工程费与措施费之和的 15%，规费为分部分项工程费、措施费与其他项目费之和的 2%，综合税率为 3.4%。根据统计资料，同类工程各专业单位工程造价占单项工程的比例为：土建 40%、采暖 1.4%、通风空调 13.5%、电气 2.5%、给水排水 1%、设备购置 38%、设备安装 3%、工器具 0.5%。

问题

1. 编制综合楼土建单位工程概算。
2. 编制综合楼单项工程综合概算。

知识点

1. 用概算定额法编制概算文件的程序。
2. 工程费、措施费、其他项目费、规费、税金的计算。
3. 单位工程含税造价的概念。
4. 单项工程综合概算表的编制。

分析思路与参考答案

问题 1

根据背景资料，该综合楼的土建单位工程概算可采用概算定额法编制，具体编制程序是：根据扩大初步图纸与概算定额计算出扩大分项工程量→套用概算定额的扩大单价计算出工程量清单费用→考虑零星工程费用计算工程费→根据计算出的工程费与相关费率计算其他各项费用→汇总出总造价。

因为背景资料的表中给出了扩大分项工程量和扩大单价，所以可直接计算清单费用，计算结果见表 4-13。

概算编制过程中需注意以下几点：

(1)分部分项工程费＝工程量清单费用＋零星工程费用

(2)零星工程费用＝工程量清单费用×零星工程费费率

(3)措施费＝分部分项工程费×措施费费率

(4)其他项目费＝(分部分项工程费＋措施费)×其他项目费费率

(5)规费＝(分部分项工程费＋措施费＋其他项目费)×规费费率

(6)税金＝(分部分项工程费＋措施费＋其他项目费＋规费)×综合税率

综合楼土建单位工程工程量清单费用计算见表 4-13。

表 4-13　综合楼土建单位工程工程量清单费用计算

定额号	扩大分项工程名称	单位	工程量	清单费用/元	
				扩大单价	合价
3-1	土方及砖基础	10 m³	1.96	1 614.16	3 163.75
3-27	砖外墙	100 m²	2.184	4 035.03	8 812.5
3-29	砖内墙	100 m²	2.292	4 885.22	11 196.92
4-21	土方及无筋混凝土带基	m³	206.024	559.24	115 216.86
4-24	混凝土满堂基础	m³	169.47	542.74	91 978.14
4-26	混凝土设备基础	m³	1.58	382.7	604.66
4-33	现浇混凝土矩形梁	m³	37.86	952.51	36 062.03
4-38	现浇混凝土墙	m³	470.12	670.74	315 328.29
4-40	现浇混凝土有梁板	m³	134.82	786.86	106 084.47
4-44	现浇整体楼梯	10 m²	4.44	1 310.26	5 817.55
5-42	铝合金地弹门	樘	2	1 725.69	3 451.38
5-45	铝合金推拉窗	樘	15	653.54	9 803.1
7-23	双面夹板门	樘	18	314.36	5 658.48
8-81	防滑砖地面	100 m²	2.72	9 920.94	26 984.96

定额号	扩大分项工程名称	单位	工程量	清单费用/元	
				扩大单价	合价
8-82	防滑砖楼面	100 m²	10.88	8 935.81	97 221.61
8-83	防滑砖楼梯	100 m²	0.444	10 064.39	4 468.59
9-23	珍珠岩找坡保温层	10 m³	2.72	3 634.34	9 885.4
9-70	二毡三油一砂防水层	100 m²	2.72	5 428.8	14 766.33
	工程量清单费用合计				866 505.02

分部分项工程费＝866 505.02＋866 505.02×8％＝935 825.42(元)

措施费＝935 825.42×10％＝93 582.54(元)

其他项目费＝(935 825.42＋93 582.54)×15％＝154 411.194(元)

规费＝(935 825.42＋93 582.54＋154 411.194)×2％＝23 676.383(元)

税金＝(935 825.42＋93 582.54＋154 411.194＋23 676.383)×3.4％＝41 054.85(元)

综合楼土建单位工程概算造价＝935 825.42＋93 582.54＋154 411.19＋23 676.38＋

41 054.85

＝1 248 550.38(元)

问题2

由同类工程各专业单位工程造价占单项工程造价的比例可知：

综合楼单项工程概算总造价＝综合楼土建单位工程概算造价÷40％

＝1 248 550.38÷40％＝3 121 375.95(元)

由背景资料所给的各专业单位工程造价占单项工程造价的比例，分别计算出各单位工程概算造价：

采暖单位工程概算造价：3 121 375.95×1.4％＝43 699.26(元)

通风空调单位工程概算造价：3 121 375.95×13.5％＝421 385.75(元)

电气单位工程概算造价：3 121 375.95×2.5％＝78 034.4(元)

给水排水单位工程概算造价：3 121 375.95×1％＝31 213.76(元)

设备购置概算造价：3 121 375.95×38％＝1 186 122.86(元)

设备安装工程概算造价：3 121 375.95×3％＝93 641.28(元)

工器具概算造价：3 121 375.95×0.5％＝15 606.88(元)

综合楼单项工程综合概算表见表4-14。

表4-14 综合单项工程综合概算

序号	单位工程和费用名称	概算价值/万元				技术经济指标			占单项工程投资/%
		建安工程费	设备购置费	工程建设其他费	合计	单位	数量	单位造价/(元·m⁻²)	
1	建筑工程	182.29			182.29	m²	1 360	1 340.37	58.46

序号	单位工程和费用名称	概算价值/万元				技术经济指标			占单项工程投资/%
		建安工程费	设备购置费	工程建设其他费	合计	单位	数量	单位造价/(元·m^{-2})	
1.1	土建工程	124.86			124.86				
1.2	采暖工程	4.37			4.37				
1.3	通风、空调工程	42.14			42.14				
1.4	电气工程	7.80			7.80				
1.5	给水排水工程	3.12			3.12				
2	设备及设备安装工程	9.36	118.61		127.97	m^2	1 360	940.96	41.04
2.1	设备购置		118.61		118.61				
2.2	设备安装	9.36			9.39				
3	工(器)具购置		1.56		1.56	m^2	1 360	11.47	0.5
	合计	191.65	120.17		311.82	m^2	1 360	2 292.80	100
4	占单项工程投资比例	61.46%	38.54%						

注：表中数值均按四舍五入原则保留两位小数。

第5章

施工阶段计价

🎯 本章主要内容

1. 工程价款结算：工程价款结算示意图、工程变更的确认与变更价款的计算、工程索赔成立的条件与索赔计算、工程价款结算方式、工程预付款限额与扣回计算、工程进度款支付规定与计算、工程价款动态结算方法与计算。

2. 投资控制：资金使用计划的编制方法与应用、投资偏差和进度偏差的概念与计算、偏差分析的横道图法及应用、偏差分析的时标网络图法及应用、偏差产生的原因与纠正。

3. 综合应用示例。

5.1 工程价款结算

工程价款结算是指在建设项目施工过程中发包方与承包方按照施工合同的约定，发包方向承包方支付或扣留的款项，包括预付备料款、工程进度款、竣工结算款和扣留的质量保证金。工程价款的结算如图5-1所示。

图5-1 工程价款结算示意

5.1.1 工程变更与索赔

1. 工程变更

在建设项目施工阶段，经常会发生一些与招标文件不一致的变化，如发包人对项目有了新要求、因设计错误导致图纸的修改、施工遇到了事先没有估计到的事件等，这些变化统称为工程变更。

根据《建设工程工程量清单计价规范》（GB 50500—2013）关于工程变更的定义，变更是指"合同工程实施过程中由发包人提出或由承包人提出经发包人批准的合同工程任何一项工作的增、减、取消或施工工艺、顺序、时间的改变；设计图纸的修改；施工条件的改变；招标工程量清单的错、漏从而引起合同条件的改变或工程量的增减变化"。

工程变更的出现会导致建设项目工程量的变化、施工进度的变化，从而可能使项目实际造价超出原来的预算造价。

工程变更的原因可能来源于多方面，如设计原因、建设单位原因、承包商原因、监理工程师原因等。无论任何一方提出的工程变更，均应由现场监理工程师确认，并签发工程变更指令后才能实施。

（1）变更确认。

1）发包人和监理人均可以提出变更。变更指示均通过监理人发出，监理人发出变更指示前应征得发包人同意。承包人收到经发包人签认的变更指示后，方可实施变更。未经许可，承包人不得擅自对工程的任何部分进行变更。

2）涉及设计变更的，应由设计人提供变更后的图纸和说明。如变更超过原设计标准或批准的建设规模时，发包人应及时办理规划、设计变更等审批手续。发包人擅自进行的对原设计文件的修改，影响到质量安全等方面的，根据《中华人民共和国建筑法》第54条的规定，设计单位和施工企业应当予以拒绝。

（2）变更后工程价款的确定程序。

1）承包商按照监理工程师发出的变更通知及有关要求，进行有关变更。承包商在工程变更确定14天内，提出变更工程价款报告，经监理工程师确认后调整合同价款。承包商在工程变更确定14天内不向工程师提出变更工程价款报告时，视为该项变更不涉及合同价款的变更。

2）工程师在收到变更工程价款报告之日起7天内予以确认，工程师无正当理由不确认时，自变更工程价款报告送达之日起14天视为变更工程价款报告已被确认。

3）工程师确认增加的工程变更价款作为追加合同价款，与工程款同期支付。

4）工程师不同意承包商提出的工程变更价款，可协商解决，不能协商一致的，由造价管理部门调解，调解不成，按合同纠纷解决方法解决。

5）因承包商自身原因导致的工程变更，承包商无权要求追加合同价款。

（3）变更后工程价款的确定方法。

1）合同中已有适用于变更工程的价格，按合同已有的价格变更合同价款。

2）合同中只有类似于变更工程的价格，可以参照该价格变更。

3）合同中没有适用或类似于变更工程的价格，由承包商提出适当的变更价格，经工程师确认后执行。

【例5-1】 某建设项目的土方挖方工程，合同约定挖土单价为24元/m³，在工程施工中遇到局部孤石，因进行孤石处理，施工单位比计划挖土工程量增加了 3 000 m³，施工单位对这多出的 3 000 m³ 土方，提出应按单价 26 元/m³ 结算。试分析：

①施工单位的要求是否合理？

②因挖方量增加施工单位应得到的工程增加款为多少？

【解】

①施工单位的要求不合理。因挖土地点不变，挖土类别并没有发生变化，故应按合同约定的单价进行新增土方工程价款的计算。

②因挖方量增加施工单位应得到的工程增加款为

$$3\ 000 \times 24 = 72\ 000(元)$$

2. 工程索赔

工程索赔是指在施工期间，一方因对方不履行或不完全履行合同所规定的义务，或出现了应当由对方承担的风险而遭受损失时，向另一方提出赔偿要求的行为。通常情况下，工程索赔是指承包人对非自身原因造成的损失而要求发包人给予补偿的一种权利要求。

工程索赔属于经济补偿行为，承包人索赔成立须具备三个条件：一是索赔事件发生是非承包人的原因；二是索赔事件发生确实使承包人蒙受了损失；三是索赔事件发生后，承包人在规定的时间范围内，按照索赔的程序，提交了索赔意向书及索赔报告。

工程索赔包括工期索赔和费用索赔两个方面。承包人的费用索赔将会使项目的实际造价超出原来的预算造价。

(1)工程索赔费用的组成。

1)人工费。承包人完成了合同以外的额外工作所花费的人工费，非承包人责任的工效降低所增加的人工费用，非承包人责任工程延误导致的人员窝工费。

2)机械使用费。承包人完成了额外的工作增加的机械使用费，非承包人责任的工效降低所增加的机械费用，业主原因导致机械停工的窝工费。

3)材料费。索赔事件材料实际用量增加费用，非承包人责任的工期延误导致的材料价格上涨而增加的费用等。

4)管理费。承包人完成了额外工程、索赔事项工作以及工期延长期间的管理费。包括管理人员工资、办公费等。

5)利润。由于工程范围的变更和施工条件变化引起的索赔，承包人可以列入利润。对于工期延误引起的索赔，由于工期延误并未影响、削减某些项目的实施，从而导致利润减少，所以，业主一般不会同意承包人的利润索赔。

6)利息。利息包括拖期付款利息、由于工程变更和工程延误增加投资的利息、索赔款利息、错误扣款利息等。

7)分包费用。分包费用指分包人的索赔款额。分包人的索赔一般列入总承包人的索赔额中。

(2)承包人的索赔程序。

1)承包人应在知道或应当知道索赔事件发生后 28 天内，向监理人递交索赔意向通知书，并说明发生索赔事件的事由；承包人未在前述 28 天内发出索赔意向通知书的，丧失要求追加付款和(或)延长工期的权利；

2)承包人应在发出索赔意向通知书后 28 天内，向监理人正式递交索赔报告；索赔报告应详细说明索赔理由以及要求追加的付款金额和(或)延长的工期，并附必要的记录和证明材料；

3)索赔事件具有持续影响的,承包人应继续提交延续索赔通知,说明持续影响的实际情况和记录,列出累计的追加付款金额和(或)工期延长天数;

4)在索赔事件影响结束后 28 天内,承包人应向监理人递交最终索赔报告,说明最终要求索赔的追加付款金额和(或)延长的工期,并附必要的记录和证明材料。

上述承包人认为有权得到追加付款和(或)延长工期的事件,可以是发包人的违约行为,如发包人未能按合同约定提供施工条件、未及时交付图纸、基础资料、施工现场等;也可以是不可归责于承包人的原因,如在施工过程中遭遇异常恶劣的气候条件、不利物质条件、化石文物等。

承包人应注意索赔意向通知书和索赔报告的内容区别。一般而言,索赔意向通知书仅需载明索赔事件的大致情况、有可能造成的后果及承包人索赔的意思表示即可,无须准确的数据和翔实的证明资料;而索赔报告除详细说明索赔事件的发生过程和实际造成的影响外,还应详细列明承包人索赔的具体项目及依据,如索赔事件给承包人造成的损失总额、构成明细、计算依据以及相应的证明资料,必要时还应附具影音资料。

(3)对承包人索赔的处理。

1)监理人应在收到索赔报告后 14 天内完成审查并报送发包人。监理人对索赔报告存在异议的,有权要求承包人提交全部原始记录副本;

2)发包人应在监理人收到索赔报告或有关索赔的进一步证明材料后的 28 天内,由监理人向承包人出具经发包人签认的索赔处理结果。发包人逾期答复的,则视为认可承包人的索赔要求;

3)承包人接受索赔处理结果的,索赔款项在当期进度款中进行支付;承包人不接受索赔处理结果的,按照争议解决条款规定处理;

4)若承包人的费用索赔与工期索赔要求相关联时,发包人应综合作出费用赔偿和工程延期的决定;

5)发、承包双方在按合同约定办理了竣工结算后,应被认为承包人已无权再提出竣工结算前所发生的任何索赔。承包人在提交的最终结清申请中,只限于提出竣工结算后的索赔,提出索赔的期限自发承包双方最终结清时终止。

(4)分项法计算索赔费用。分项法是指按每个索赔事件所引起损失的费用项目,分别分析计算索赔值的一种方法。分项法是工程索赔计算中最常用的方法。

【例 5-2】 某桩基础工程建设单位与施工单位在施工合同中约定:人工费为 100 元/工日、打桩机械费为 650 元/台班、运输机械费为 400 元/台班、其他机械费为 200 元/台班。若非施工单位原因造成的窝工,则人工窝工费按合同工日费的 60% 结算支付,机械停工费按合同台班费的 40% 结算支付。实际施工中出现了下列事件(同一工作由不同原因引起的停工时间,都不在同一时间)。

1)因修改的施工图纸提供不及时使工作甲(打桩机械 1 台、工人 12 人)延误 2 天,乙(其他机械 3 台、工人 10 人)延误 3 天,丙(运输机械 2 台、工人 8 人)延误 2 天;

2)因打桩机械发生故障检修使工作甲延误 2 天,丙延误 2 天;

3)因业主要求变更使工作丁(打桩机械 1 台、工人 15 人)延误 4 天;

4)因供电网故障停电使工作丁延误 1 天。

试分析计算施工单位的索赔费用。

【解】

1)责任分析。

事件一：施工图纸提供不及时不属于施工单位责任，故施工单位可要求工期和费用索赔；

事件二：打桩机械故障属于承包商责任，故施工单位不能索赔；

事件三：业主要求变更，承包商可要求工期和费用索赔；

事件四：供电网故障停电属于业主风险，故施工单位可要求工期和费用索赔。

2)索赔费用计算：

甲工作索赔2天，乙工作索赔3天，丙工作索赔2天，丁工作索赔(4+1)=5(天)。

①机械费索赔计算。

甲工作打桩机械：1台×2天×650元/台班×0.4=520(元)

乙工作其他机械：3台×3天×200元/台班×0.4=720(元)

丙工作运输机械：2台×2天×400元/台班×0.4=640(元)

丁工作打桩机械：1台×5天×650元/台班×0.4=1 300(元)

机械费索赔合计：520+720+640+1 300=3 180(元)

②人工费计算。

甲工作人工：2天×12人×100元/工日×0.6=1 440(元)

乙工作人工：3天×10人×100元/工日×0.6=1 800(元)

丙工作人工：2天×8人×100元/工日×0.6=960(元)

丁工作人工：5天×15人×100元/工日×0.6=4 500(元)

人工费索赔合计：1 440+1 800+960+4 500=8 700(元)

③索赔总费用：3 180+8 700=11 880(元)

5.1.2 工程价款结算

1. 工程价款结算方式

(1)按月结算。按月结算的做法有两种：一是每个月发包方在旬末或月中预支部分进度款给承包商，到月底与承包商结算本月实际完成的工程进度款，待项目竣工后双方进行全部工程款的清算；二是发包方不给承包商预支款，每个月的月底直接与承包商结算本月实际完成的工程进度款，等项目竣工后双方进行全部工程款的清算。按月结算方式目前在我国工程建设中采用的较为广泛。

(2)竣工后一次结算。若建设项目或单项工程的全部建筑安装工程建设期在12个月以内，或工程承包合同价在100万元以下，一般实行工程进度款每月月中预支、竣工后一次结算。即合同完成后承包商与发包方进行合同价款的结算，确认的工程价款即为承发包双方结算的总工程款。

(3)分段结算。对于当年开工、当年不能竣工的单项工程或单位工程，承包商与发包方可以按照工程形象进度，划分出不同的阶段进行结算。对工程分阶段的标准，双方可以采用各地区或行业的规定，也可以自行约定。

(4)目标结算方式。在工程合同中，将承包工程的内容分解成不同控制面(验收单元)，当承包商完成单元工程内容并经监理工程师验收合格后，发包方支付单元工程内容的工程款。采用目标结算方式时，双方往往在合同中对控制面的设定有明确的描述。承包商要想获得工程款，必须按照合同约定的质量标准完成控制面工程内容，要想尽快获得工程款，承包商必须充分发挥自己的组织实施能力，在保证质量前提下，加快施工进度。

（5）双方约定的其他结算方式。

2. 工程预付款

工程预付款是指在实行包工包料的建筑工程承包中，按施工合同条款规定，在工程开工前由发包方拨付给承包商一定数额的预付备料款，作为施工单位的备料周转资金，所以也称工程备料款。

工程预付款仅用于承包商支付施工开始时与本工程有关的动员费用，预付时间和数额在施工合同的专用条款中约定，工程开工后按合同约定的时间和比例逐次扣回。

（1）工程预付款限额。

1）按公式计算预付款限额。因为决定工程预付款的因素有材料占工程造价比重、材料储备期、施工工期，因此可按式（5-1）计算工程预付款限额。

$$工程预付款限额 = \frac{年度承包工程总值 \times 主要材料所占比重}{年度施工日历天数} \times 材料储备天数 \quad (5-1)$$

2）按比例确定预付款限额。在许多工程中，工程预付款是在施工合同中由双方协商规定一个比例，然后按合同价款乘以该比例来确定工程预付款。其具体计算公式为

$$工程预付款数额 = 年度建筑安装工程合同价 \times 工程预付款比例 \quad (5-2)$$

工程预付款的比例可根据工程类型、合同工期、承包方式等不同而定。一般建筑工程不应超过当年建筑工作量（包括水、电、暖）的30%，安装工程按年安装工作量的10%计算，材料占比重较大的安装工程按年计划产值15%左右预付。

对于包工不包料的工程项目，可以不付工程预付款。

（2）工程预付款的扣回。由于工程预付款属于预支性质，因此，在工程实施后随着工程所需材料储备的逐步减少，应以抵充工程款的方式，在承包商应得的工程进度款中陆续扣回。

工程预付款扣回的时间称为起扣点，起扣点的计算方法有以下两种：

1）按公式计算起扣点。这种方法是以未完工程所需材料的价值等于预付备料款时起扣，并从每次结算的工程款中按材料比重抵扣工程价款，竣工前全部扣清。

$$工程预付款起扣点 = 合同总价 - \frac{工程预付款}{主要材料所占比重} \quad (5-3)$$

2）在合同中规定起扣点。在合同中规定起扣点是指在施工合同中，由承、发包双方协商约定一个工程预付款的起扣点，当承包商完成工程款金额累计达到合同总价一定比例（即双方合同约定的数额）后，由发包方从每次应付给承包商的工程款中扣回工程预付款，在合同规定的完工期前将预付款扣完。如自承包商所获得工程进度款累计达到合同价20%的当月开始起扣。

【例5-3】 某工程合同总额为1 500万，材料、构件占合同总额比重的65%，按承包商的施工进度计划安排，该工程年度施工天数为320天，若材料储备天数为50天，求该工程的预付款限额和预付款的起扣点。

【解】

①工程预付款限额。其计算式为

$$工程预付款限额 = \frac{1\ 500 \times 65\%}{320} \times 50 = 152.343\ 8(万元)$$

②工程预付款的起扣点。其计算式为

$$1\ 500 - \frac{152.343\ 8}{65\%} = 1\ 265.624\ 9(万元)$$

3. 工程进度款

工程进度款是指在施工过程中，根据合同约定的结算方式，承包商按月或形象进度将已完成的工程量和应该得到的工程款报给发包方，发包方支付给承包商部分工程款的行为。工程进度款的结算过程是：承包商提交已完工程量报表和工程款结算单→监理工程师核对并确认工程量→造价工程师核对并确认工程款结算单→业主审批认可→向承包商支付工程进度款。

（1）工程量确认的规定。

1）承包商应按合同条款约定的时间向监理工程师提交已完工程量报告，监理工程师接到报告后 7 天内按设计图纸核实已完工程量(这个过程称为计量)。监理工程师计量前 24 小时通知承包商，承包商为计量提供便利条件并派人参加。承包商收到通知不参加计量，计量结果有效，作为工程进度款支付的依据。

2）监理工程师收到承包商报告后 7 天内未计量，从第 8 天起，承包商报告中开列的工程量即视为被确认，作为工程价款支付的依据。监理工程师不按约定时间通知承包商，致使承包商未能参加计量，计量结果无效。

3）承包商超出设计图纸范围和因承包商原因造成返工的工程量，监理工程师不予计量。例如，在地基工程施工中，当地基底面处理到施工图所规定的处理范围边缘时，承包商为了保证夯击质量，将夯击范围比施工图纸规定范围适当扩大，此扩大部分不予计量。因为这部分的施工是承包商为保证质量而采取的技术措施，费用由施工单位自己承担。

（2）工程进度款支付的规定。

1）在计量结果确认后 14 天内，发包方应向承包商支付工程进度款，并按约定将应扣回的预付款扣回。

2）工程变更调整的合同价款、承包商的索赔款和其他条款中约定追加的合同价款，应与工程进度款同期支付。

3）发包方超过约定时间不支付工程进度款，承包商可向发包方发出要求付款通知。发包方收到通知后仍不能按要求付款，可与承包商签订延期付款协议，经承包商同意后可延期支付。延期付款协议应明确延期支付的时间和从计量结果确认后第 15 天起计算应付款的贷款利息。

4）发包方不按合同约定支付工程进度款，双方又未达成延期付款协议，导致施工无法进行，承包商可停止施工，由发包方承担违约责任。

4. 工程保修金

工程保修金是指发包方为了保证工程在交付使用后的一定时间内，当出现质量问题时能得到承包商的及时服务，而扣留的一笔工程尾款。工程保修金将在工程项目保修期结束后再支付给承包商。工程保修金的扣留方法有以下两种：

(1)当工程进度款拨付累计额达到合同的一定比例时停止支付，预留的工程价款作为工程保修金。

(2)从第一次支付工程进度款时开始扣留，在每次承包商应得到的工程款中扣除合同规定的金额作为保修金，直至保修金总额达到合同规定的限额为止。如某工程项目的合同约定，保修金每月按进度款的 5% 扣留。若承包商第一月完成的产值是 10 万元，发包方实际支付给承包商的价款是：$100 - 100 \times 5\% = 95$（万元）。

5. 竣工结算款

竣工结算款是指承包商按合同规定的内容全部完成所承包的工程，经验收工程质量、工程内容符合合同要求规定，并要求发包方支付最终工程价款的行为。

竣工结算款支付的规定如下：

(1)工程竣工验收报告经发包方认可后 28 天内，承包商向发包方递交竣工结算报告及完整的结算资料，双方按照约定的合同价款及专用条款约定的合同价款调整内容，进行工程竣工结算。

(2)发包方收到承包商递交的竣工结算资料后 28 天内核实，给予确认或者提出修改意见。承包商收到竣工结算款后 14 天内将竣工工程交付发包方。

(3)发包方收到竣工结算报告及结算资料后 28 天内，无正当理由不支付工程竣工结算价款，从第 29 天起按承包商同期向银行贷款利率支付拖欠工程款的利息，并承担违约责任。

(4)发包方收到竣工结算报告及结算资料后 28 天内不支付工程竣工结算款，承包商可以催告发包方支付结算价款。发包方在收到竣工结算报告及结算资料 56 天内仍不支付竣工结算款，承包商可以与发包方协议将该工程折价，也可以由承包商申请法院将该工程拍卖，承包商就该工程折价或拍卖的价款中优先受偿。

(5)工程竣工验收报告经发包方认可 28 天后，承包商未向发包方递交竣工结算报告及完整的结算资料，造成工程竣工结算不能正常进行或工程竣工结算款不能及时支付，发包方要求交付工程的，承包商应当交付，发包方不要求交付工程的，承包商承担保管责任。

【例 5-4】 A 轻钢工业厂房工程合同价款为 2 000 万元，材料、构件费估计为合同价款的 60%。甲乙双方在合同中约定：工程备料款为合同价款的 20%，在开工前预付；当工程进度款支付达到 [（合同价款－预付款）/60%] 时的当月及以后各月按比例扣回；工程保修金在按月结算的工程进度款中按 5% 扣留。工程实施中每月实际完成工作量见表 5-1。

表 5-1 工程实施中每月实际完成工作量

月份	5	6	7	8	9	10
完成工作量/万元	280	320	370	390	360	280

求：

1)工程预付款及起扣点；

2)该工程每月应结算的进度款；

3)该工程实际支付的工程款和扣留的工程保修金。

【解】

1)工程预付款 $= 2\,000 \times 20\% = 400$（万元）

起扣点 $= 2\,000 - \dfrac{400}{60\%} = 1\,333.333\,3$（万元）

2）工程每月应结算的进度款。

5 月：累计完成工作量 280 万元，结算的进度款 $280-280\times5\%=266$（万元）

6 月：累计完成工作量 600 万元，结算的进度款 $320-320\times5\%=304$（万元）

7 月：累计完成工作量 970 万元，结算的进度款 $370-370\times5\%=351.5$（万元）

8 月：累计完成工作量 1 360 万元，超过起扣点 1 333.333 3 万元

结算的进度款 $=390-(1\,360-1\,333.333\,3)\times60\%-390\times5\%=354.5$（万元）

9 月：累计完成工作量 1 720 万元

结算的进度款 $360-360\times60\%-360\times5\%=126$（万元）

10 月：累计完成 2 000 万元

结算的进度款 $=280-280\times60\%-280\times5\%=98$（万元）

3）实际支付的工程款和扣留的保修金

实际支付的工程款 $=400+266+304+351.5+354.5+126+98=1\,900$（万元）

扣留的保修金 $=2\,000\times5\%=100$（万元）

【例 5-5】 某大型基础混凝土浇筑工程，业主与施工企业签订的施工合同中含有甲、乙两个子项工程，子项甲估算工程量为 18 000 m^3，子项乙估算工程量为 15 000 m^3。经双方协商，子项甲合同价款为 340 元/m^3，子项乙合同价款为 350 元/m^3，且双方在合同中约定：

1）开工前业主应向施工企业支付合同价款 20％的预付备料款；

2）业主自支付的第一个月起，从承包商的工程款中，按 5％的比例扣留保修金；

3）当子项实际工程量超过估算工程量±10％时可进行调价，调整系数分别为 0.9 和 1.1；

4）根据市场情况规定价格调整系数平均为 1.05，按月调整；

5）现场监理工程师签发月度付款最低金额为 250 万元；

6）预付款在最后两个月扣回，每月扣 50％。

施工企业每月实际完成并经监理工程师签证确认的工程量见表 5-2，求：

①工程预付款及起扣点；

②该工程每月应结算的工程进度款；

③该工程实际支付的工程款和扣留的工程保修金。

表 5-2 确认的工程量

月份 子项	6	7	8	9
甲/m^3	3 500	5 500	6 000	5 000
乙/m^3	3 000	3 500	4 000	2 500

【解】

①工程预付款及起扣点。

工程预付款 $=(18\,000\times340+15\,000\times350)\times20\%=2\,274\,000$（元）$=227.4$ 万元

工程预付款在第 8 月起扣，并在第 8、9 月扣回。

②每月应结算的工程款

第1月：

工程量价款＝3 500×340＋3 000×350＝2 240 000(元)＝224(万元)

应签证工程款＝224×1.05×(1－5％)＝223.44(万元)

由于工程师签发的最低金额为250万元，故本月工程师不予签发付款凭证。

第2月：

工程量价款＝5 500×340＋3 500×350＝3 095 000(元)＝309.5(万元)

应签证工程款＝309.5×1.05×0.95＝308.726 3(万元)

本月工程师签发的付款凭证：223.44＋308.726 3＝532.166 3(万元)

第3月：

工程量价款＝6 000×340＋4 000×350＝3 440 000(元)＝344(万元)

应签证工程款＝344×1.05×0.95－227.4×50％＝229.44(万元)

不予签发付款凭证。

第4月：

子项甲累计完成工程量20 000 m³，比估算工程量18 000 m³超出2 000 m³，已超过估算工程量10％，超过部分的单价应进行调整。

超过估算工程量10％的部分为：2 000－18 000×10％＝200(m³)

其单价应调整为：340×0.9＝306(元/m³)

子项甲工程量价款＝(5 000－200)×340＋200×306＝1 693 200(元)＝169.32(万元)

子项乙累计完成工程量13 000 m³，比估算工程量15 000 m³少了2 000 m³，低于估算工程量10％，低于部分的单价应进行调整。

低于估算工程量10％的工程量为：2 000－15 000×10％＝500(m³)

其单价应调整为：350×1.1＝385(元/m³)

子项乙工程量价款＝(2 500－500)×350＋500×385＝892 500(元)＝89.25(万元)

本月工程量价款：169.32＋89.25＝258.57(万元)

本月应签证工程价款：258.57×1.05×0.95－227.4×50％＝144.223 6(万元)

本月实际应签证工程价款：229.44＋144.223 6＝373.663 6(万元)

③实际支付的工程款和扣留的保修金

实际支付的工程款＝227.4＋532.166 3＋373.663 6＝1 133.229 9(万元)

扣留的保修金＝(224＋309.5＋344＋258.57)×1.05×5％＝59.643 7(万元)

6. 动态结算

由于工程项目建设周期长，在整个建设期内会受到物价浮动等因素的影响，其中主要是人工、材料、施工机械费用变化的影响，因此，在工程价款结算中要将物价浮动这种动态因素纳入结算过程，使工程价款结算能反映工程项目的实际消耗费用。

工程价款动态结算的方法主要有实际价格结算法、工程造价指数调整法、调值公式计算法。

(1)实际价格结算法。实际价格结算法也称"票据法"，即承包商可凭发票按实报销。这种方法会使承包商对降低成本兴趣不大，所以采用该方法时一般按地方主管部门定期公布的材料价格为最高结算限价，同时，在施工合同文件中规定建设单位或监理单位有权要求承包商选择更廉价的材料供应来源。

（2）工程造价指数调整法。工程造价指数调整法是采取当时的预算或概算单价计算出承包合同价，待竣工时，根据合理的工期及当地工程造价管理部门所公布的该月度（或季度）的工程造价指数，对原承包合同价予以调整。

（3）调值公式计算法。调值公式计算法是指承发包双方在签订合同时就明确列出调值公式，结算时以调值公式计算的结果作为价差调整的依据。调值公式计算法是国际工程项目承包中广泛常采用的方法。调值公式的表达式见式（5-4）。

$$P = P_0 \left(a_0 + a_1 \times \frac{A}{A_0} + a_2 \times \frac{B}{B_0} + a_3 \times \frac{C}{C_0} + a_4 \times \frac{D}{D_0} \right) \tag{5-4}$$

式中　P——调值后的实际结算工程款；

　　　P_0——合同中的工程款；

　　　a_o——合同中规定不能调整的部分占合同工程款的比例；

　　　a_1、a_2、a_3、a_4——可调整部分（指人工、钢材、水泥、运输等各项费用）在合同工程款中所占的比例；

　　　A_0、B_0、C_0、D_0——基准日期对应的各项费用的基准价格指数或价格；

　　　A、B、C、D——调整日期对应各项费用的现行价格指数或价格。

【例5-6】　某工程的合同金额为950万元，承发包双方在合同中约定，采用调值公式调整施工期间的价差。工程实施中的调价因素为A、B、C三项，其占合同工程款的比例分别为20％、13％、22％，这三种因素的基准日期价格指数分别为1.08、1.04、1.11，调整日期的价格指数分别为1.13、1.09、1.21。求：

1）结算的工程款；

2）价差调整额。

【解】

结算中不调整的部分为：100％－（20％＋13％＋22％）＝45％

结算的工程款＝$950 \times \left(45\% + 20\% \times \frac{1.13}{1.08} + 13\% \times \frac{1.09}{1.04} + 22\% \times \frac{1.21}{1.11} \right)$

　　　　　　＝983.562 6（万元）

价差调整额：983.562 6－950＝33.562 6（万元）

【例5-7】　某建筑工程合同价款为2 000万元，双方约定采用调值公式调整价差。合同原始报价日期为2018年12月，工程于2019年8月建成交付使用。工程人工费、材料费构成比例以及有关造价指数见表5-3，求：

1）实际的结算款；

2）价差调整额。

表5-3　工程人工费、材料费构成比例以及有关造价指数

项目	人工费	钢材	水泥	集料	红砖	砂	木材	不调值费用
比例	45％	11％	11％	5％	6％	3％	4％	15％
2018年12月指数	100	100.8	102.0	93.6	100.2	95.4	93.4	
2019年8月指数	110.1	98.0	112.9	95.9	98.9	91.1	117.9	

【解】

$$实际的结算款 = 2\ 000 \times \Big(0.15 + 0.45 \times \frac{110.1}{100} + 0.11 \times \frac{98}{100.08} + 0.11 \times \frac{112.9}{102.0} + 0.05 \times$$

$$\frac{95.9}{93.6} + 0.06 \times \frac{98.9}{100.2} + 0.03 \times \frac{91.1}{95.4} + 0.04 \times \frac{117.9}{93.4}\Big)$$

$$= 2\ 000 \times 1.065 = 2\ 130（万元）$$

价差调整额：$2\ 130 - 2\ 000 = 130$（万元）

5.2 投资控制

建设项目周期长、规模大、造价高，施工阶段是资金直接投入量最大的阶段。合理编制资金使用计划、科学管理施工不同阶段的资金投入，对控制工程造价意义重大。

5.2.1 资金使用计划

1. 按项目组成编制资金使用计划

一个建设项目往往由多个单项工程组成，每个单项工程可能由多个单位工程组成，而单位工程又由若干个分部、分项工程组成。如一所新建学校就是一个建设项目，其组成情况如图 5-2 所示。

图 5-2　建设项目组成示意

工程项目划分的粗细程度，要根据实际需要而定。一般情况下，投资目标可分解到各单项工程、单位工程。

编制的资金使用计划在分解到单项工程、单位工程的同时，还应分解到建筑工程费、安装工程费、设备购置费、工程建设其他费，这样有助于检查各项具体投资支出对象落实的情况。

2. 按时间进度编制资金使用计划

工程建设项目的投资总是分阶段、分期支出的，按时间进度编制资金使用计划，是将总目标按使用时间分解，确定分目标值。

按时间进度编制资金使用计划，通常采用下面步骤：

(1)确定工程进度计划；

(2)根据每单位时间内完成的实物工程量或投入的资源，计算单位时间投资；

(3)累计单位时间投资；

(4)根据累计单位时间投资绘制 S 形曲线。通常情况，每一条 S 形曲线都对应于某一特定的工程进度计划。一张工程网络图是由多个工作组成的，而工作又可分为关键工作和非关键工作，非关键工作因时差的存在，就有最早开始时间与最迟开始时间。根据非关键工作的最早、最迟开始时间，可分别绘出两条 S 形曲线。对于同一个工程，无论是采用最早开始时间还是最迟开始时间安排进度计划，其开工时间与竣工时间均是相同的，因此，两条曲线将形成类似香蕉的曲线图，如图 5-3 所示。

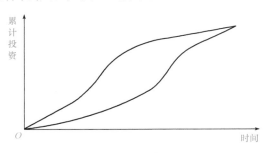

图 5-3　建设项目投资控制香蕉曲线

若建设项目实施中实际形成的 S 形曲线落在事先编制的投资控制香蕉曲线范围内，则表明工程进度与投资均没有突破计划。

【例 5-8】　某建设项目共有 A、B、C、D、E、F 六个分部工程，计划建设期为 12 个月，计划总投资为 5 500 万元人民币，具体为：A 投资 700 万元、B 投资 700 万元、C 投资 800 万元、D 投资 1 200 万元、E 投资 700 万元、F 投资 1 400 万元。

试编制资金使用计划，并绘制投资控制的 S 形曲线图。

【解】

1)根据建设项目的工期与分部工程情况，本示例制订该项目的进度计划横道图如图 5-4 所示，进度横线上方的数字为各分部工程每月计划完成的投资额（单位：万元）。

分部工程	进度计划/月											
	1	2	3	4	5	6	7	8	9	10	11	12
A	100	100	100	100	100	100	100					
B		100	100	100	100	100	100	100				
C			100	100	100	100	100	100	100	100		
D				200	200	200	200	200	200			
E					100	100	100	100	100	100	100	
F						200	200	200	200	200	200	200

图 5-4　该项目的进度计划横道图

2)根据工程进度横道图，计算建设项目每月的计划投资额，结果见表 5-4。

表 5-4　计划投资额

时间/月	1	2	3	4	5	6	7	8	9	10	11	12
计划投资/万元	100	200	300	500	600	800	800	700	600	400	300	200

3）累计表中的计划投资额，得建设项目累计月计划投资，见表 5-5。

表 5-5　建设项目累计月计划投资

时间/月	1	2	3	4	5	6	7	8	9	10	11	12
计划投资/万元	100	200	300	500	600	800	800	700	600	400	300	200
累计月计划投资/万元	100	300	600	1 100	1 700	2 500	3 300	4 000	4 600	5 000	5 300	5 500

4）根据表 5-6 累计月计划投资数据绘制 S 形曲线，如图 5-5 所示。

图 5-5　S 形曲线

5.2.2　投资控制

建设项目施工阶段的投资管理实质是对比计划与实际的投资额，检查是否存在偏差，分析偏差产生的原因，寻找控制或调整偏差的方法，使实际投资不突破计划投资。

1. 偏差

在项目实施过程中，由于各种因素的影响，实际情况往往会与计划出现差异。将投资的实际值与计划值的差异叫作投资偏差，将实际工程进度与计划工程进度的差异叫作进度偏差。

$$投资偏差 = 已完工程实际投资 - 已完工程计划投资 \tag{5-5}$$

$$进度偏差 = 已完工程实际时间 - 已完工程计划时间 \tag{5-6}$$

进度偏差也可表示为

$$进度偏差 = 拟完工程计划投资 - 已完工程计划投资 \tag{5-7}$$

式中　拟完工程计划投资——按原进度计划工作内容的计划投资。

通俗地讲，拟完工程计划投资是指"计划进度下的计划投资"，已完工程计划投资是指"实际进度下的计划投资"，已完工程实际投资是指"实际进度下的实际投资"。

进度偏差为"正"表示进度拖延，为"负"表示进度提前。投资偏差为"正"表示投资超支，"负"表示投资节约。

【例 5-9】　某工作计划完成工作量为 400 m³，计划进度为 50 m³/天，计划投资为

20 元/m³。工作进行到第四天时检查发现，实际完成了 180 m³，实际投资了 3 800 元。求：第四天的计划完成工作量、拟完工程计划投资、已完工程计划投资、投资偏差、进度偏差。

【解】

第四天的计划完成工作量＝50×4＝200（m³）

拟完工程计划投资＝200×20＝4 000（元）

已完工程计划投资＝180×20＝3 600（元）

已完工程实际投资：3 800 元

投资偏差＝3 800－3 600＝200（元），即投资超支了 200 元。

进度偏差＝4 000－3 600＝400（元），即进度拖延了 $\frac{400}{50×20}$＝0.4（天）

2. 偏差分析

偏差分析的目的是要找出工程实施中的偏差是多少。常用的偏差分析方法有横道图分析法、时标网络图法、表格法和曲线法。

（1）横道图法。在实际工程中有时需要根据拟完工程计划投资和已完工程实际投资确定已完工程计划投资后，再确定投资偏差、进度偏差。下面举例说明。

【例 5-10】 某拟建项目的地下工程由土方、打桩、基础三部分组成，项目建设期中检查时发现：

土方：已完工程实际投资 90 万元，已完工程计划投资 80 万元，拟完工程计划投资 70 万元。

打桩：已完工程实际投资 70 万元，已完工程计划投资 90 万元，拟完工程计划投资 56 万元。

基础：已完工程实际投资 70 万元，已完工程计划投资 70 万元，拟完工程计划投资 50 万元。

试绘制土方、打桩、基础三个工程的偏差分析横道图，分别计算三者的投资偏差与进度偏差（用金额表示）。

【解】

偏差分析横道图如图 5-6 所示。

编码	分项工程	横道图	投资偏差	进度偏差	原因
011	土方工程	90 / 70 / 80	10	-10	使用了新型挖土机械，加快了挖土速度
012	打桩工程	70 / 56 / 90	-20	-34	采用了先进的打桩技术，提高了打桩效率，降低了成本
013	基础工程	70 / 80 / 50	0	20	优化了施工组织过程，提高了工作效率
	合计		-10	-64	

■ 已完工程实际投资　　▨ 已完工程计划投资　　□ 拟完工程计划投资

图 5-6　偏差分析横道图

【例5-11】 某工程的计划进度与实际进度横道图如图5-7所示，图中粗实线表示计划进度（上方数据表示每周计划投资），波浪线表示实际进度（上方数据表示每周实际投资），假定各分项工程每周计划完成的工程量相等，分析工程第六周周末的投资与进度偏差。

分项工程	进度计划/周											
	1	2	3	4	5	6	7	8	9	10	11	12
A	5	5	5									
	(5)	(5)	(5)									
	5	5	5									
B		4	4	4	4	4						
			(4)	(4)	(4)	(4)	(4)					
			4	4	4	4	4					
C				9	9	9	9					
						(9)	(9)	(9)	(9)			
						8	7	7	7			
D						5	5	5	5			
							(4)	(4)	(4)	(4)	(4)	
							4	4	4	5	5	
E								3	3	3		
										(3)	(3)	(3)
										3	3	3

图5-7 某工程的计划进度与实际进度横道图

【解】

由图5-7可知，各分项工程的拟完工程计划投资和已完工程实际投资。要想求工程的进度偏差，首先要求出工程的已完工程计划投资。

由于已完工程计划投资的进度应与已完工程实际投资一致，因此在图中画出已完工程计划投资的进度线，其位置如图5-7中的波浪线所示，其投资总额应与计划投资总额相同。如D分项工程，其进度线同已完工程的实际进度应为7～11周，则拟完工程计划投资：

4 周×5 万元＝20 万元，已完工程计划投资为 20 万元÷5 周＝4 万元/周，如图中的波浪线所示，其余类推。

根据上述分析，将每周的拟完工程计划投资、已完工程计划投资、已完工程实际投资进行统计，见表 5-6。

表 5-6　统计表

进度/周 项　目	投资数据											
	1	2	3	4	5	6	7	8	9	10	11	12
每周拟完工程计划投资	5	9	9	13	13	18	14	8	8	3		
累计拟完工程计划投资	5	14	23	36	49	67	81	89	97	100		
每周已完工程实际投资	5	5	9	4	4	12	15	11	11	8	8	3
累计已完工程实际投资	5	10	19	23	27	39	54	65	76	84	92	95
每周已完工程计划投资	5	5	9	4	4	13	17	13	13	7	7	3
累计已完工程计划投资	5	10	19	23	27	40	57	70	83	90	97	100

由表 5-6 可求出第 6 周周末的投资偏差和进度偏差

投资偏差＝累计已完工程实际投资－累计已完工程计划投资

$$＝39－40$$

$$＝－1(万元)$$

即：投资节约 1 万元。

进度偏差＝累计拟完工程计划投资－累计已完工程计划投资

$$＝67－40$$

$$＝27(万元)$$

即：进度拖后 27 万元。

(2)时标网络图法。双代号时标网络图是以水平时间坐标为尺度来表示工作时间的，网络图中的时间单位根据实际需要可以是天、周、月等。在时标网络图中，实箭线表示工作，实箭线的长度表示工作持续时间，虚箭线表示虚工作，波浪线表示所研究工作与其紧后工作的时间间隔。

用时标网络图法控制偏差的做法是：在建设项目实施的某个时间点，检查项目各分项工程完成的实际进度与投资情况，并将其标注在该项目的早时标网络图上，绘制出实施情况的前锋线。

对比各分项工程检查点处的计划投资与实际投资、计划进度与实际进度，计算各分项工程的投资偏差与进度偏差。根据各分项工程的投资与进度偏差情况，进而分析推断整个建设项目的进度情况和投资情况。

【例 5-12】某工程的早时标网络图如图 5-8 所示，工程进展到第 5、10、15 月月底时，根据检查情况绘制了三条前锋线，如图 5-8 中的粗虚线所示。工程 1～15 月的实际投资情况见表 5-7。试分析第 5 个月和第 10 个月月底的投资偏差、进度偏差，并根据第 5 个月、第 10 个月的实际进度前锋线分析工程进度情况。

表 5-7 工程 1~15 月的实际投资情况

月份	1	2	3	4	5	6	7	8	9	10	11	12	13	14	15
已完工程实际投资	5	10	10	10	10	8	8	8	8	8	9	9	9	4	4

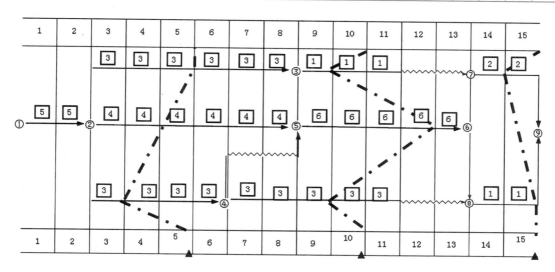

图 5-8　工程早时标网络图与前锋线

说明：　| 5 |——工作的月计划投资。

【解】

1）由上面的早时标网络图计算拟完工程计划投资、累计拟完工程计划投资，由工程 1~15 月的实际投资情况表中的"已完工程实际投资"，计算累计已完工程实际投资，得到的具体数据见表 5-8。

表 5-8　具体数据

月份	1	2	3	4	5	6	7	8	9	10	11	12	13	14	15
拟完工程计划投资	5	5	10	10	10	10	10	10	10	10	10	6	6	3	3
累计拟完工程计划投资	5	10	20	30	40	50	60	70	80	90	100	106	112	115	118
已完工程实际投资	5	10	10	10	10	8	8	8	8	8	9	9	9	4	4
累计已完工程实际投资	5	15	25	35	45	53	61	69	77	85	94	103	112	116	120

2）计算累计已完工程计划投资：

第 5 个月月底：累计已完工程计划投资＝2×5＋3×3＋2×4＋1×3

$$＝30（万元）$$

第 10 个月月底：累计已完工程计划投资＝5×2＋3×6＋4×6＋3×4＋1＋6×4＋3×3

$$＝98（万元）$$

3）计算投资偏差与进度偏差，并进行分析：

第 5 个月月底：

投资偏差＝累计已完工程实际投资－累计已完工程计划投资

$$＝45－30$$

$$＝15（万元）$$

即：投资增加 15 万元。

进度偏差＝累计拟完工程计划投资－累计已完工程计划投资

$$＝40－30$$

$$＝10（万元）$$

即：进度拖延 10 万元。

第 10 个月月底：

投资偏差＝累计已完工程实际投资－累计已完工程计划投资

$$＝85－98$$

$$＝－13（万元）$$

即：投资节约 13 万元。

进度偏差＝累计拟完工程计划投资－累计已完工程计划投资

$$＝90－98$$

$$＝－8（万元）$$

即：进度提前 8 万元。

（3）曲线法。曲线法是利用 S 形曲线进行偏差分析。实际的 S 形曲线通常有三条曲线，即已完工程实际投资曲线、已完工程计划投资曲线和拟完工程计划投资曲线，如图 5-9 所示。

图 5-9 中已完工程实际投资与已完工程计划投资两条曲线之间的竖向距离表示投资偏差，拟完工程计划投资与已完工程计划投资曲线之间的水平距离表示进度偏差。

曲线a——已完工程实际投资
曲线b——拟完工程计划投资
曲线c——已完工程计划投资

图 5-9　工程投资 S 形曲线

3. 偏差纠正

（1）偏差产生原因。

1）客观原因：包括人工费、材料费涨价，自然条件变化，国家政策法规变化等。

2）业主原因：投资规划不当、建设手续不健全、业主未及时付款等。

3）设计原因：设计错误、设计变更、设计标准变化等。

4)施工原因：施工组织设计不合理、质量事故等。

（2）偏差类型。偏差可分为以下四种形式：

1)投资增加且工期拖延。这种类型是纠正偏差的主要对象。

2)投资增加但工期提前。这种情况下要适当考虑工期提前带来的效益。如果增加的投资值超过增加的效益时，要采取纠偏措施，若这种收益与增加的投资大致相当甚至高于投资增加额，则未必需要采取纠偏措施。

3)工期拖延但投资节约。这种情况下是否采取纠偏措施要根据实际需要决定。

4)工期提前且投资节约。这种情况是最理想的，不需要采取纠偏措施。

（3）纠偏措施。

1)组织措施。组织措施是指从投资控制的组织管理方面采取的措施。例如，落实投资控制的组织机构和人员，明确各级投资控制人员的任务、职能分工、权利和责任，改善投资控制工作流程等。组织措施是其他措施的前提和保障，是基础性措施。

2)经济措施。经济措施即采用经济处罚或奖励，一般易为人们接受，但运用中要注意不可将经济措施简单地理解为审核工程量及相应支付价款，应从全局出发来考虑，如检查投资目标分解的合理性，资金使用计划的保障性，施工进度计划的协调性。另外，通过偏差分析和未完工程预测可以发现潜在的问题，及时采取预防措施，从而取得造价控制的主动权。

3)技术措施。技术措施是指从技术层面（如先进施工工艺的采用）来纠正偏差。不同的技术措施往往会有不同的经济效果。运用技术措施纠偏，对不同的技术方案需要进行技术经济分析后再加以选择。

4)合同措施。合同措施在纠偏方面主要指索赔管理。在施工过程中，索赔事件的发生是难免的，发生索赔事件后要认真审查索赔依据是否符合合同规定，计算是否合理等，从主动控制的角度出发，加强日常的合同管理，落实合同规定的责任。

5.3 综合应用示例

📖 背景资料

某施工单位承包了一工程项目。合同规定，工程施工从 2019 年 7 月 1 日起至 2019 年 11 月 30 日止。在施工合同中，甲乙双方还约定：工程造价为 660 万元人民币，主要材料与构件费占工程造价的比重按 60％考虑，预付备料款为工程造价的 20％，工程实施后，预付备料款从未施工工程尚需的主要材料及构件的价值相当于预付备料款数额时起扣，从每次结算工程款中按材料比重扣回，竣工前全部扣清。工程进度款采取按月结算的方式支付，工程保修金为工程造价的 5％，在竣工结算月一次扣留，材料价差按规定上半年上调 10％，在竣工结算时一次调增。

双方还约定，乙方必须严格按照施工图纸及相关的技术规定要求施工，工程量由造价工程师负责计量。根据该工程合同的特点，工程量计量与工程款支付的要点如下：

（1）乙方对已完工的分项工程在 7 天内向监理工程师认证，取得质量认证后，向造价工

121

程师提交计量申请报告。

（2）造价工程师在收到报告后 7 天核实已完工程量，并在计量 24 小时前通知乙方，乙方为计量提供便利条件并派人参加。乙方不参加计量，造价工程师可按照规定的计量方法自行计量，计量结果有效。计量结束后由造价工程师签发计量证书。

（3）造价工程师在收到计量申请报告后 7 天内未进行计量，报告中的工程量从第 8 天起自动生效，直接作为工程价款支付的依据。

（4）乙方凭计量认证与计量证书向造价工程师提出付款申请，造价工程师审核申请材料后确定支付款额，并向甲方提供付款证明。甲方根据造价工程师的付款证明进行工程款支付或结算。

该工程施工过程中出现的下面几项事件：在土方开挖时遇到了一些工程地质勘探没有探明的孤石，排除孤石拖延了一定的时间；在基础施工过程中遇到了数天的季节性大雨，使得基础施工耽误了部分工期；在基础施工中，乙方为了保证工程质量，在取得在场监理工程师认可的情况下，将垫层范围比施工图纸规定各向外扩大了 10 cm；在整个工程施工过程中，乙方根据监理工程师的指示就部分工程进行了施工变更。

该工程在保修期间内发生屋面漏水，甲方多次催促乙方修理，但是乙方一再拖延，最后甲方只得另请其他单位修理，发生修理费 15 000 元。

工程各月实际完成的产值情况见表 5-9。

表 5-9　工程各月实际完成的产值情况

月　份	7	8	9	10	11
完成产值/万元	60	110	160	220	110

⊃ 问题

1. 若基础施工完成后，乙方将垫层扩大部分的工程量向造价工程师提出计量要求，造价工程师是否应予以批准，为什么？

2. 若乙方就排除孤石和季节性大雨事件向造价工程师提出延长工期与补偿窝工损失的索赔要求，造价工程师是否应同意，为什么？

3. 对于施工过程中变更部分的合同价款应按什么原则确定？

4. 工程价款结算的方式有哪几种？竣工结算的前提是什么？

5. 该工程的预付备料款为多少？备料款起扣点为多少？

6. 若不考虑工程变更与工程索赔，该工程 7 月至 10 月每月应拨付的工程款为多少？11 月底办理竣工结算时甲方应支付的结算款为多少？该工程结算造价为多少？

7. 保修期间屋面漏水发生的 15 000 元修理费如何处理？

知识点

1. 预付工程款的概念、计算与起扣点。

2. 工程价款的结算方法、竣工结算的原则与方法。

3. 工程量计量的原则。

4. 工程变更价款的处理原则。

5. 工程索赔的处理原则。

⚙ 分析思路与参考答案

问题 1

对于乙方在垫层施工中扩大部分的工程量，造价工程师不应予以计量。因为该部分的工程量超过了施工图纸的要求，也就是超过了施工合同约定的范围，不属于造价工程师计量的范围。

在工程施工中，监理工程师与造价工程师均是受雇于业主，为业主提供服务的，他们只能按照他们与业主所签订合同的内容行使职权，无权处理合同以外的工程内容。对于"乙方为了保证工程质量，在取得在场监理工程师认可的情况下，将垫层范围比施工图纸规定各向外扩大了 10 cm"这一事实，监理工程师认可的是承包商的保证施工质量的技术措施，在业主没有批准追加相应费用的情况下，技术措施费用应由承包商自己承担。

问题 2

因工期延误产生的施工索赔处理原则是：如果导致工程延期的原因是因为业主造成的，承包商可以得到费用补偿与工期补偿；如果导致工程延期的原因是因为不可抗力造成的，承包商仅可以得到工期补偿而得不到费用补偿；如果导致工程延期的原因是因为承包商自己造成的，承包商将得不到费用与工期的补偿。

关于不可抗力产生后果的承担原则是：事件的发生是不是一个有经验的承包商能够事先估计到的。若事件的发生是一个有经验的承包商应该估计到的，则后果由承包商承担；若事件的发生是一个有经验的承包商无法估计到的，则后果由业主承担。

本案例中对孤石引起的索赔，一是因勘探资料不明导致；二是一个有经验的承包商事先无法估计到的情况，所以造价工程师应该同意。即承包商可以得到延长工期的补偿，并得到处理孤石发生的费用及由此产生窝工的补偿。

本案例中因季节性大雨引起的索赔，因为基础施工发生在 7 月份，而 7 月份阴雨天气属于正常季节性的，这是有经验的承包商预先应该估计到的因素，承包商应该在合同工期内考虑，因而索赔理由不成立，索赔应予以驳回。

问题 3

施工中变更价款的确定原则如下：

(1)合同中已有适用于变更工程的价格，按合同已有的价格计算变更合同的价款；

(2)合同中有类似变更工程的价格，可参照类似价格变更合同价款；

(3)合同中没有适用或类似于变更工程的价格，由承包商提出适当的变更价格，造价工程师批准执行，这一批准的变更价格，应与承包商达成一致，否则按合同争议的处理方法解决。

问题 4

工程价款结算的方法主要有以下几项：

(1)按月结算。即实行旬末或月中预支，月终结算，竣工后清算。

(2)竣工后一次结算。即实行每月月中预支、竣工后一次结算。这种方法主要适用于工期短、造价低的小型工程项目。

(3)分段结算。即按照形象工程进度，划分不同阶段进行结算。该方法用于当年不能竣工的单项或单位工程。

(4)目标结算方式。即在工程合同中，将承包工程分解成不同的控制界面，以业主验收控制界面作为支付工程价款的前提条件。

(5)结算双方约定的其他结算方式。工程竣工结算的前提条件是：承包商按照合同规定内容全部完成所承包的工程，并符合合同要求，经验收质量合格。

问题 5

(1)预付备料款。根据背景资料可知：工程备料款为工程造价的 20%。由于备料款是在工程开始施工时甲方支付给乙方的周转资金，所以，计算备料款采用的工程造价应该是合同规定的造价 660 万元，而非实际的工程造价。其计算式如下：

预付备料款 $=660×20\%=132$（万元）

(2)备料款起扣点。按照合同规定，工程实施后，预付备料款从未施工工程尚需的主要材料及构件的价值相当于预付备料款数额时起扣。因此，备料款起扣点可以表述为

$$备料款起扣点 = 承包工程价款总额 - \frac{预付备料款}{主要材料所占比重}$$

$$=660-\frac{132}{60\%}=440（万元）$$

问题 6

(1)7—10 月每月应拨付的工程款。若不考虑工程变更与工程索赔，则每月应拨付的工程款按实际完成的产值计算。7 至 10 月每月拨付的工程款为

7 月：应拨付工程款 55 万元，累计拨付工程款 55 万元。

8 月：应拨付工程款 110 万元，累计拨付工程款 165 万元。

9 月：应拨付工程款 165 万元，累计拨付工程款 330 万元。

10 月的工程款为 220 万元，累计拨付工程款 550 万元。550 万元已经大于备料款起扣点 440 万元，因此，在 10 月份应该开始扣回备料款。按照合同约定：备料款从每次结算工程款中按材料比重扣回，竣工前全部扣清。则 10 月份应扣回的工程款为

(本月应拨付的工程款 + 以前累计已拨付的工程款 - 备料款起扣点)$×60\%$

$=(220+330-440)×60\%=66（万元）$

所以，10 月应拨付的工程款为

$220-66=154$（万元）

累计拨付工程款 484 万元。

(2)11 月月底的工程结算总造价。根据合同约定：材料价差按规定上半年上调 10%，在竣工结算时一次调增。因此其计算式如下：

材料价差 = 材料费 $×10\%=660×60\%×10\%=39.6$（万元）

11 月月底的工程结算总造价 = 合同价 + 材料价差 $=660+39.6=699.6$（万元）

(3)11 月甲方应支付的结算款。11 月月底办理竣工结算时，按合同约定：工程保修金为工程造价的 5%，在竣工结算月一次扣留。因此，11 月甲方应支付的结算款为

工程结算造价－已拨付的工程款－工程保修金－预付备料款

＝699.6－484－699.6×5％－132＝48.62(万元)

问题 7

保修期间出现的质量问题应由施工单位负责修理。在本案例中的屋面漏水属于工程质量问题，由乙方负责修理，但乙方没有履行保修义务，因此发生的 15 000 元维修费应从乙方的保修金中扣除。

第6章

竣工阶段计价

⊕ **本章主要内容**

1. 竣工验收：竣工验收的概念、条件、标准、依据，特殊情况的竣工验收，竣工验收中的工程资料验收与工程内容验收，竣工验收的方式、程序与备案；

2. 竣工决算：竣工决算的概念，竣工财务决算说明书，竣工财务决算报表，建设工程竣工图，竣工决算的编制条件、依据、要求、程序，竣工决算的审核；

3. 新增资产：新增固定资产、流动资产、无形资产、其他资产价值的确定；

4. 质量保证金：缺陷责任期与保修期的概念、期限，质量保证金的处理；

5. 综合应用示例。

6.1　竣工验收

建设项目竣工验收是指由发包方、承包方和项目验收委员会，以项目批准的设计任务书和设计文件，以及国家或部门颁发的施工验收规范和质量检验标准为依据，按照一定的程序和手续，在项目建成并试生产合格后(工业生产性项目)，对工程项目的总体进行检验、认证、综合评价和鉴定的活动。

竣工验收是项目建设全过程的最后一个程序，是施工阶段和保修阶段的中间过程，是检查施工质量和内容是否符合设计要求与检验标准的重要环节，是投资转化为生产或使用成果的标志。

工业生产性建设项目，须经试生产合格，形成了生产能力才能进行验收。非生产性项目应能正常使用才可验收。

建设项目竣工验收，按被验收的对象不同可分为单位工程验收、单项工程验收(也称交工验收)、工程整体验收(也称动用验收)。通常说的竣工验收是指"动用验收"，即发包方在建设项目按批准的设计文件所规定的内容全部建成后，向使用单位(国有资金建设的工程向国家)交工的过程。

"动用验收"的程序是：整个建设项目按设计要求全部建成，经过第一阶段的交工验收符合设计要求，并具备竣工图、竣工结算、竣工决算等必要的文件资料，由建设项目主管部门或发包方，按照规定向负责验收的单位提出申请报告，接受由银行、物资、环保、劳动、统计、消防及其他有关部门组成的验收委员会或验收组的验收，并办理固定资产移交手续。验收委员会或验收组听取有关单位的工作报告，审阅工程技术档案资料，并实地查验建筑工程和设备安装情况，对工程设计、施工和设备质量等方面做出全面的评价。

6.1.1 竣工验收概述

1. 竣工验收条件

根据《建设工程质量管理条例》规定，建设工程竣工验收应当具备以下条件：

(1)完成建设工程设计和合同约定的各项内容；

(2)有完整的技术档案和施工管理资料；

(3)有工程使用的主要建筑材料、建筑构配件和设备的进场试验报告；

(4)有勘察、设计、施工、工程监理等单位分别签署的质量合格文件；

(5)有施工单位签署的工程质量保修书。

2. 竣工验收标准

(1)工业生产性项目验收标准。

1)生产性项目和辅助性公用设施已按设计要求完成，能满足生产使用；

2)主要工艺设备、动力设备均已安装配套，经无负荷联动试车和有负荷联动试车合格，已形成生产能力并能够生产出设计文件规定的产品；

3)必要的生产设施已按设计要求建成；

4)生产准备工作能适应投产的需要；

5)环境保护设施、劳动安全卫生设施、消防设施已按设计要求与主体工程同时建成并能使用；

6)土建、安装、人防、管道、通信等工程的施工和竣工验收，必须按照国家和行业施工及验收规范执行。

(2)民用建设项目验收标准。

1)建设项目的各单位工程和单项工程均已符合项目竣工验收标准；

2)建设项目配套工程和附属工程均已施工结束，达到了设计规定的质量要求，并具备正常使用条件。

3. 竣工验收依据

(1)上级主管部门对该项目批准的各种文件；

(2)可行性研究报告；

(3)施工图设计文件及设计变更洽商记录；

(4)国家颁布的各种标准和现行的施工验收规范；

(5)工程承包合同文件；

(6)技术设备说明书；

(7)建筑安装工程统一规定及主管部门关于工程竣工的规定。

从国外引进的新技术和成套设备的项目以及中外合资建设项目，要按照签订的合同和进口国提供的设计文件等进行验收；利用世界银行等国际金融机构贷款的建设项目，应按世界银行规定按时编制《项目完成报告》。

4. 特殊情况的竣工验收

(1)工期较长、设备装置较多的大型工程，为能及时发挥投资效益，对能够独立生产的单项工程，可分期分批地组织竣工验收；对能生产中间产品的单项工程，若不能提前投料试车，可与生产最终产品的工程同步建成后，再进行全部验收。

(2)某些工程虽未全部按设计要求完成，但情况特殊的也应进行验收。主要有以下几项：

1)因少数非主要设备或某些特殊材料短期内不能解决，虽然工程施工内容尚未全部完成，但已可投产或使用的项目；

2)规定要求的建设内容已完成，但因外部条件制约（如流动资金不足、生产所需原材料不能满足等），而使已建工程不能投入使用的项目；

3)已形成部分生产能力，但近期内不能按原设计规模续建的项目，应从实际情况出发，经主管部门批准后可缩小规模，对已完成的工程和设备组织竣工验收。

6.1.2 竣工验收内容

1. 工程资料验收

工程资料验收包括技术资料、综合资料和财务资料验收三个方面。

(1)工程技术资料验收。

1)工程地质、水文、气象、地形、地貌、建筑物、构筑物及重要设备安装位置、勘察报告与记录；

2)初步设计、技术设计或扩大初步设计、关键的技术试验、总体规划设计；

3)土质试验报告、地基处理；

4)建筑工程施工记录、单位工程质量检验记录、管线强度、密封性试验报告、设备及管线安装施工记录及质量检查、仪表安装施工记录；

5)设备试车、验收运转、维修记录；

6)产品的技术参数、性能、图纸、工艺说明、工艺规程、技术总结、产品检验与包装、工艺图；

7)设备的图纸、说明书；

8)涉外合同、谈判协议、意向书；

9)各单项工程及全部管网竣工图等资料。

(2)工程综合资料验收。

1)项目建议书及批件，可行性研究报告及批件，项目评估报告，环境影响评估报告书，设计任务书；

2)土地征用申报及批准文件，招标、投标文件，合同文件，施工执照，竣工验收报告，验收鉴定书。

(3)工程财务资料验收。

1)历年建设资金供应(拨、贷)情况和应用情况；

2)历年批准的年度财务决算；

3)历年年度投资计划、财务收支计划；

4)建设成本资料；

5)设计概算、预算资料;

6)施工决算资料。

2. 工程内容验收

工程内容验收包括建筑工程验收、安装工程验收两部分。

(1)建筑工程验收。

1)建筑物的位置、标高、轴线是否符合设计要求;

2)对基础工程的土石方工程、垫层工程、砌筑工程等资料的审查;

3)对结构工程的砖木结构、砖混结构、内浇外砌结构、钢筋混凝土结构的审查;

4)对屋面工程的屋面瓦、保温层、防水层等的审查;

5)对门窗工程的审查;

6)对装修工程(抹灰、油漆等工程)的审查。

(2)安装工程验收。

1)建筑设备安装工程(指民用建筑中的上下水管道、暖气、煤气、通风、电气照明等设备安装)。检查设备的规格、型号、数量、质量是否符合设计要求,检查安装时的材料、材质、材种,进行试压、闭水试验,检查照明。

2)工艺设备安装工程(指生产、起重、传动、试验等设备的安装及附属管线敷设和油漆、保温等)。检查设备的规格、型号、数量、质量;检查设备安装的位置、标高、机座尺寸;进行单机试车、无负荷联动试车、有负荷联动试车;检查管道的焊接质量、各种阀门,进行试压、试漏。

3)动力设备安装工程(指有自备电厂的项目或变配电室、所及动力配电线路等)的验收。

6.1.3 竣工验收方式与程序

1. 竣工验收方式

(1)单位工程竣工验收。单位工程竣工验收(也称中间验收)是以独立签订施工合同的单位工程或专业工程(如大型土方工程)为对象,当单位工程达到竣工条件后,承包商可单独交工。单位工程竣工验收由监理单位组织,发包方和承包商派人参加,单位工程竣工验收资料是建设项目最终验收的依据。

(2)单项工程竣工验收。单项工程竣工验收是一个单项工程完成设计图纸规定的工程内容,能满足生产要求或具备使用条件,承包商向监理单位提交"工程竣工报告"和"工程竣工报验单",经确认后向发包方提出"交付竣工验收通知书",说明工程完工情况、竣工验收准备情况、设备无负荷单机试车情况,具体约定验收的有关工作。单项工程竣工验收由发包方组织,承包商、监理单位、设计单位和使用单位参加。

(3)全部工程竣工验收。全部工程竣工验收是建设项目按设计要求全部建成、达到竣工验收条件,由发包方组织设计、施工、监理等单位和档案部门进行全部工程的竣工验收。

2. 竣工验收程序

(1)承包商自验。承包商自验是指承包商在完成承包的工程后,自行对所完成的项目进行检查的过程,也称交工预验。承包商自验一般分基层施工单位自验、项目经理自验、公司级预验三个层次,目的是为正式的交工验收做好准备。

(2)承包商申请交工验收。承包商在完成了交工预验工作和准备好竣工资料后,即可向监理工程师提交"工程竣工报验单",申请交工验收。交工验收一般为单项工程,也可是特殊情况的单位工程(如特殊基础处理工程、发电站单机机组完成后的移交等)。

(3)监理工程师现场初验。监理工程师收到"工程竣工报验单"后,由监理工程师组成验收组,对竣工工程项目的竣工资料和专业工程质量进行初验。初验中发现的质量问题,要及时书面通知承包商,令其修理甚至返工。承包商整改合格后监理工程师签署"工程竣工报验单",并向发包方提出质量评估报告。

(4)正式验收。

1)单项工程正式验收。单项工程正式验收由发包方组织,监理、设计、承包商、工程质量监督等单位参加,依据合同和国家标准,对以下几个方面进行检查:

①检查、核实竣工项目准备移交给发包方的所有技术资料的完整性、准确性;

②检查已完工程是否有漏项;

③检查工程质量、隐蔽工程验收资料、关键部位的施工记录等,考察施工质量是否达到合同要求;

④对工业生产性项目,检查试车记录及试车中所发现的问题是否得到改正;

⑤明确规定需要返工、修补工程的完成期限;

⑥其他相关问题。

单项工程验收合格后,发包方和承包商共同签署"交工验收证书"。然后由发包方将有关技术资料和试车记录、试车报告及交工验收报告一并上报主管部门。主管部门批准后,该单项工程即可投入使用。对于验收合格的单项工程,在全部工程验收时,原则上不再办理验收手续。

2)建设项目(即全部工程)正式验收。建设项目全部施工完成后,由国家主管部门组织竣工验收(也称动用验收),发包方参与全部工程的竣工验收。建设项目的正式验收可分为验收准备、预验收和正式验收三个阶段。

①验收准备阶段主要做好以下工作:

a. 整理技术资料,分类装订成册;

b. 列出已交工工程和未完工工程一览表;

c. 提交财务决算分析;

d. 进行预申报工程质量等级的评定,做好相关材料的准备工作;

e. 汇总项目档案资料,绘制工程竣工图;

f. 登载固定资产,编制固定资产构成分析表;

g. 提出试车检查情况报告,总结试车考评情况;

h. 编写竣工结算分析报告和竣工验收报告。

②预验收是在验收准备工作完成后,由发包方或上级主管部门会同监理、设计、承包商及有关单位组成预验收组进行预验收。预验收主要做好以下工作:

a. 核实竣工准备工作,确认竣工项目档案资料的完整、准确性;

b. 对验收准备过程中有争议的问题及遗留问题提出处理意见;

c. 检查财务账表是否齐全、数据是否准确真实;

d. 检查试车情况和生产准备情况;

e. 编写竣工验收报告和移交生产准备情况报告。

③大型项目正式验收由投资主管部门或地方政府组织，小型项目正式验收由项目主管部门组织。正式验收将成立由银行、物资、环保、劳动、统计、消防及其他有关部门人员组成的项目验收小组或项目验收委员会，发包方、监理、设计、承包商、使用单位共同参加验收工作。正式验收程序如下：

a. 发包方与设计单位分别汇报工程合同的履行情况，执行国家法律法规、工程建设强制性标准情况；

b. 承包商汇报建设项目的施工情况、自验情况和竣工情况；

c. 监理单位汇报监理内容、监理情况及对项目竣工的意见；

d. 验收小组进行现场检查，查验项目质量与合同履约情况；

e. 验收小组审查档案资料；

f. 验收小组评审、鉴定设计水平与工程质量，在确认符合竣工标准和合同规定后，签发竣工验收合格证书；

g. 验收小组对项目整体做出验收鉴定，签署竣工验收签证书见表6-1。

表6-1　竣工验收签证书

工程名称		工程地点	
工程范围		建筑面积	
开工日期		竣工日期	
日历工作天		实际工作天	
工程造价			
验收意见			
验收人			

建设项目正式验收后，发包方应及时办理固定资产交付使用手续。在进行竣工验收时，已验收过的单项工程可以不再办理验收手续，但应将单项工程交工验收证书作为最终验收的附件而加以说明。

3. 竣工验收备案

(1)国务院住房城乡建设主管部门负责全国房屋建筑工程和市政基础设施工程的竣工验收备案管理工作。县级以上地方人民政府住房城乡建设主管部门负责本行政区域内工程的竣工验收备案管理工作。

(2)依照《房屋建筑和市政基础设施工程竣工验收备案管理办法》的规定，建设单位应当自工程竣工验收合格之日起15日内，向工程所在地的县级以上地方人民政府住房城乡建设主管部门备案。

(3)建设单位办理工程竣工验收备案应当提交下列文件：

1)工程竣工验收备案表；

2)工程竣工验收报告；

3)法律、行政法规规定应当由规划、环保等部门出具的认可文件或准许使用文件；

4)法律规定应当由公安消防部门出具对大型的人员密集场所和其他特殊建设工程验收合格的证明文件；

5)施工单位签署的工程质量保修书，商品住宅还应当提交《住宅质量保证书》和《住宅使用说明书》；

6）法规、规章规定必须提供的其他文件。

（4）备案机关收到建设单位报送的竣工验收备案文件，验证文件齐全后，应当在工程竣工验收备案表上签署文件收讫。工程竣工验收备案表一式两份，一份由建设单位保存，一份留备案机关存档。

（5）工程质量监督机构应当在工程竣工验收之日起5日内，向备案机关提交工程质量监督报告。

（6）备案机关发现建设单位在竣工验收过程中有违反国家有关建设工程质量管理规定行为的，应当在收讫竣工验收备案文件15日内，责令停止使用，重新组织竣工验收。

6.2　竣工决算

竣工决算是指项目竣工后，建设单位编制的以实物数量和货币指标为计量单位的、综合反映项目从筹建起到竣工交付使用止的全部建设费用、建设成果和财务情况的总结性文件。竣工决算是竣工验收报告的重要组成部分。

竣工决算反映了竣工项目计划和实际的建设规模、建设工期、生产能力，反映了计划投资和实际建设成本，反映了竣工项目所达到的主要技术经济指标。

项目竣工时，应编制建设项目竣工财务决算。建设周期长、建设内容多的项目，单项工程竣工，具备交付使用条件的，可编制单项工程竣工财务决算。建设项目全部竣工后应编制竣工财务总决算。

6.2.1　竣工决算的内容

建设项目竣工决算应包括从筹集到竣工投产全过程的全部实际费用。

根据财政部、国家发改委与住房和城乡建设部的有关文件规定，竣工决算是由竣工财务决算说明书、竣工财务决算报表、工程竣工图和工程竣工造价对比分析四部分组成。其中，竣工财务决算说明书和竣工财务决算报表两部分又称建设项目竣工财务决算，是竣工决算的核心内容。竣工财务决算是正确核定项目资产价值、反映竣工项目建设成果的文件，是办理资产移交和产权登记的依据。

1. 竣工财务决算说明书

竣工财务决算说明书是分析工程投资与造价的书面总结，主要内容有以下几项：

（1）项目概况。项目概况一般从进度、质量、安全、造价方面进行分析说明。进度方面主要说明开工、竣工时间，说明项目建设工期是提前还是延期；质量方面主要根据竣工验收小组（委员会）或质量监督部门的验收评定等级、合格率和优良率进行说明；安全方面主要根据承包商、监理单位的记录，对有无设备和安全事故进行说明；造价方面主要对照概算造价、资金使用计划，说明项目是节约还是超支。

（2）会计账务的处理、财产物资清理及债权债务的清偿情况。

（3）项目建设资金计划及到位情况，财政资金支出预算、投资计划及到位情况。

（4）项目建设资金使用、项目结余资金分配情况。

（5）项目概（预）算执行情况，竣工实际完成投资与概算差异及原因分析。

（6）尾工工程情况。项目一般不得预留尾工工程，确需预留尾工工程的，尾工工程投资不得超过批准的项目概（预）算总投资的5％。

（7）历次审计、检查、审核、稽查意见及整改落实情况。

（8）主要技术经济指标分析。概算执行情况分析，根据实际投资完成额与概算进行对比分析；新增生产能力的效益分析，说明交付使用财产占总投资额的比例，不增加固定资产的造价占投资总额的比例；项目建设成果分析。

（9）项目管理经验、主要问题和建议。

（10）预备费动用情况说明。

（11）项目建设管理制度执行情况、政府采购情况、合同履行情况说明。

（12）征地拆迁补偿情况、移民安置情况说明。

（13）其他事项说明。

2. 竣工财务决算报表

建设项目的竣工财务决算报表包括建设项目概况表、建设项目竣工财务决算表、建设项目资金情况明细表、建设项目交付使用资产总表、建设项目交付使用资产明细表、待摊投资明细表、待核销基建支出明细表、转出投资明细表等。

（1）建设项目概况表。建设项目概况表见表6-2。该表综合反映建设项目的基本概况，内容有项目总投资、建设起止时间、新增生产能力、主要材料消耗、建设成本、完成主要工程量和主要技术经济指标，为全面考核和分析投资效果提供依据。

表6-2　建设项目概况表

建设项目名称		建设地址				项　目		概算批准金额/元	实际完成金额/元	备注
主要设计单位		主要施工企业				建筑安装工程投资				
占地面积	设计	实际	总投资/万元	设计	实际	基本建设支出	设备、工具、器具投资			
							待摊投资			
							其中：建设单位管理费			
新增生产能力	能力(效益)名称			设计	实际		其他投资			
							待核销基建支出			
建设起止时间	设计	从　年　月开工至　年　月竣工					非经营项目转出投资			
	实际	从　年　月开工至　年　月竣工					合　计			
设计概算批准文号										
完成主要工程量	建筑面积/m²				设备(台、套、吨)					
	设计		实际		设计			实际		
收尾工程	项目及内容		批准概算		未完部分投资额		已完成投资额		预计完成时间	
	小计									

1）建设项目名称、建设地址、主要设计单位和主要施工企业要按全称填列。

2）表6-2中各项目的设计、概算等指标，根据批准的设计文件和概算等确定的数字填列。

3）表6-2中所列新增生产能力、完成主要工程量的实际数据，根据建设单位统计资料和施工企业提供的有关成本核算资料填列。

4）表6-2中基本建设支出是指建设项目从开工起至竣工止发生的全部建设支出，包括形成资产价值的交付使用资产，如固定资产、流动资产、无形资产、其他资产等，还包括不形成资产价值按照规定应核销的非经营项目的待核销基建支出和转出投资。上述支出，应根据财政部门历年批准的"基建投资表"中的有关数据填列。按照《基本建设财务规则》（财政部第81号令）的规定，需要注意以下几点：

①建筑安装工程投资支出、设备工器具投资支出、待摊投资支出和其他投资支出构成建设项目的建设成本。

②待核销基建支出包括的内容：非经营性项目发生的江河清障、航道清淤、飞播造林、补助群众造林、退耕还林（草）、封山（沙）育林（草）、水土保持、城市绿化、毁损道路修复、护坡及清理等不能形成资产的支出，以及项目未被批准、项目取消和项目报废前已发生的支出；非经营性项目发生的农村沼气工程、农村安全饮水工程、农村危房改造工程、游牧民定居工程、渔民上岸工程等涉及家庭或者个人的支出，形成资产产权归属家庭或者个人的，也作为待核销基建支出处理。

上述待核销基建支出，若形成资产产权归属本单位的，计入交付使用资产价值；形成产权不归属本单位的，作为转出投资处理。

③非经营性项目转出投资支出是指非经营项目为项目配套的专用设施投资，包括专用道路、专用通信设施、送变电站、地下管道等，且其产权不属于本单位的投资支出。对于产权归属本单位的，应计入交付使用资产价值。

5）表中"设计概算批准文号"按最后经批准的文件号填列。

6）表中收尾工程是指全部工程项目验收后尚遗留的少量收尾工程，在表中应明确填写收尾工程内容、完成时间、投资额等，可根据实际情况进行估算并加以说明，完工后不再编制竣工决算。

（2）建设项目竣工财务决算表。建设项目竣工财务决算表见表6-3。该表反映竣工的建设项目从开工起到竣工止的全部资金来源和资金占用情况，是考核、分析投资效果，落实结余资金，并作为报告上级核销基本建设支出和基本建设拨款的依据。在编制该表前，应先编制出项目竣工年度财务决算，根据竣工年度财务决算和历年的财务决算数据来编制此表，表中的资金来源合计应等于资金占用合计。

表6-3 建设项目竣工财务决算表

资金来源	金额/元	资金占用	金额/元
1. 基建拨款		1. 基建支出	
1.1 中央财政资金		1.1 交付使用资产	
其中：一般公共预算资金		1.1.1 固定资产	
中央基建投资		1.1.2 流动资产	

资金来源	金额/元	资金占用	金额/元
财政专项资金		1.1.3 无形资产	
政府性基金		1.2 在建工程	
国有资本经营预算安排的基建资金		1.2.1 建筑安装工程投资	
1.2 地方财政资金		1.2.2 设备投资	
其中：一般公共预算资金		1.2.3 待摊投资	
地方基建投资		1.2.4 其他投资	
财政专项资金		1.3 待核销基建支出	
政府性基金		1.4 转出投资	
国有资本经营预算安排的基建资金		2. 货币资金合计	
2. 部门自筹资金(非负债性资金)		其中：银行存款	
3. 项目资本金		财政应返还额度	
3.1 国家资本		其中：直接支付	
3.2 法人资本		授权支付	
3.3 个人资本		现金	
3.4 外商资本		有价证券	
4. 项目资本公积		3. 预付及应收款合计	
5. 基建借款		3.1 预付备料款	
其中：企业债券资金		3.2 预付工程款	
6. 待冲基建支出		3.3 预付设备款	
7. 应付款合计		3.4 应收票据	
7.1 应付工程款		3.5 其他应收款	
7.2 应付设备款		4. 固定资产合计	
7.3 应付票据		4.1 固定资产原价	
7.4 应付工资及福利		减：累计折旧	
7.5 其他应付款		4.2 固定资产净值	
8. 未交款合计		4.3 固定资产清理	
8.1 未交税金		4.4 待处理固定资产损失	
8.2 未交结余财政资金			
8.3 未交基建收入			
8.4 其他未交税款			
合　计		合　计	

1)资金来源中的相关解释：

①项目资本金是指经营性项目投资者按国家有关项目资本金的规定，筹集并投入项目的非负债资金，在项目竣工后，相应转为生产经营企业的国家资本金、法人资本金、个人资本金和外商资本金。

②项目资本公积金是指经营性项目对投资者实际缴付的出资额超过其资金的差额（包括发行股票的溢价净收入）、资产评估确认价值或者合同协议约定价值与原账面净值的差额、接收捐赠的财产、资本汇率折算差额，在项目建设期间作为资本公积金、项目建成交付使用并办理竣工决算后，转为生产经营企业的资本公积金。

2)表中"交付使用资产""中央财政资金""地方财政资金""部门自筹资金""项目资本金""基建借款"等项目，是指自开工建设至竣工的累计数，上述有关指标应根据历年批复的年度基本建设财务决算和竣工年度的基本建设财务决算中资金平衡表相应项目的数字进行汇总填写。

3)表中其余各项目的费用数据，为办理竣工验收时的结余数，根据竣工年度财务决算中资金平衡表的有关项目期末数填写。

4)资金支出反映建设项目从开工准备到竣工全过程资金支出的情况，资金支出总额应等于资金来源总额。

(3)建设项目交付使用资产总表。建设项目交付使用资产总表见表 6-4。该表反映建设项目建成后新增固定资产、流动资产、无形资产的情况和价值，作为财产交接、检查投资计划完成情况和分析投资效果的依据。

表 6-4　建设项目交付使用资产总表

序号	单项工程名称	总计	固定资产				流动资产	无形资产
			合计	建筑物及构筑物	设备	其他		

交付单位：　　负责人：　　接收单位：　　负责人：

表中各栏目数据根据"交付使用资产明细表"的固定资产、流动资产、无形资产各相应项目的汇总数分别填写，表中总计栏的总计数应与竣工财务决算表中的交付使用资产的金额一致。

（4）建设项目交付使用资产明细表。建设项目交付使用资产明细表见表 6-5。该表反映交付使用的固定资产、流动资产、无形资产价值的明细情况，是办理资产交接的依据和接收单位登记资产账目的依据，也是使用单位建立资产明细账和登记新增资产价值的依据。编制时要做到齐全完整，数字准确，各栏目价值应与会计账目中相应科目的数据保持一致。

表 6-5　建设项目交付使用资产明细表

序号	单项工程名称	固定资产								流动资产		无形资产	
		建筑工程			设备、工(器)具、家具								
		结构	面积/m²	金额/元	名称	规格型号	数量	金额/元	其中：设备安装费/元	其中：分摊待摊投资/元	名称	金额/元	名称	金额/元
	合计													

交付单位：　　　　负责人：　　　　接收单位：　　　　负责人：

1）表中"建筑工程"项目应按单项工程名称填列其结构、面积和价值。其中，"结构"是指项目按钢结构、钢筋混凝土结构、混合结构等结构形式填写；面积则按各项目实际完成面积填写；金额按交付使用资产的实际价值填写。

2）表中"设备、工（器）具、家具"部分要在逐项盘点后，根据盘点实际情况填写，工（器）具和家具等低值易耗品可分类填写。

3）表中"流动资产""无形资产"项目应根据建设单位实际交付的名称和价值分别填写。

3. 建设工程竣工图

建设工程竣工图是真实记录各种地上、地下建筑物和构筑物情况的技术文件，是工程交工验收、维护和扩建的依据，是国家的重要技术档案。国家规定：各项新建、扩建、改建的工程项目，特别是基础、地下建筑、管线、结构、井巷、桥梁、隧道、港口、水坝以及设备安装等隐蔽部位，都要编制竣工图。为确保竣工图质量，必须在施工过程中（不能在竣工后）及时做好隐蔽工程检查记录，整理好设计变更文件。

（1）凡按图竣工没有变动的，由承包商（包括总包、分包，下同）在原施工图加盖"竣工图"标志后，即作为竣工图。

（2）凡在施工过程中有一般性设计变更，但能将原施工图加以修改补充作为竣工图，可不重新绘制，由承包商负责在原施工图（必须是新蓝图）上注明修改的部分，并附以设计变更通知单和施工说明，加盖"竣工图"标志后，作为竣工图。

（3）凡结构形式改变、施工工艺改变、平面布置改变、项目改变以及有其他重大改变，不宜再在原施工图上修改、补充时，应重新绘制改变后的竣工图。由原设计原因造成的，由设计单位负责重新绘制；由施工原因造成的，由承包商负责重新绘图；由其他原因造成的，由发包方自行绘制或委托设计单位绘制。承包商负责在新图上加盖"竣工图"标志，并附以有关记录和说明，作为竣工图。

（4）为了满足竣工验收和竣工决算需要，还应绘制反映竣工工程全部内容的工程设计平面示意图。

（5）重大的改建、扩建工程项目涉及原有的工程项目变更时，应将相关项目的竣工图资料统一整理归档，并在原图案卷内增补必要的说明一起归档。

4. 工程造价比较分析

工程造价比较分析的目的是确定竣工项目总造价是节约还是超支，总结先进经验，找出节约和超支的内容和原因，提出改进措施。

工程造价比较分析是通过对比竣工决算表中的实际数据与批准的概算、预算指标值进行的。实际分析时，可先对比整个项目的总概算，然后逐一对比建筑安装工程费、设备工（器）具购置费、工程建设其他费和其他费用，主要分析以下内容：

（1）主要实物工程量。对于实物工程量出入比较大的情况，必须查明原因。

（2）主要材料消耗量。可按照竣工决算表中所列明的三大材料实际超概算的消耗量，查明是在工程的哪个环节超出量最大，再进一步查明超耗的原因。

（3）建设单位管理费、措施费和间接费的取费标准。建设单位管理费、措施费和间接费的取费标准要按照国家和各地的有关规定，根据竣工决算报表中所列的费用与概预算所列的费用数额进行比较，查明费用项目是否准确，确定节约超支数额，并查明原因。

6.2.2 竣工决算的编制

1. 编制竣工决算应具备的条件

(1)经批准的初步设计所确定的工程内容已完成;

(2)单项工程或建设项目竣工结算已完成;

(3)收尾工程投资和预留费用不超过规定的比例;

(4)涉及法律诉讼、工程质量纠纷的事项已处理完毕;

(5)其他影响工程竣工决算编制的重大问题已解决。

2. 竣工决算编制依据

(1)《基本建设财务规则》(财政部第81号令)等法律、法规和规范性文件;

(2)项目计划任务书及立项批复文件;

(3)项目总概算书和单项工程概算书文件;

(4)经批准的设计文件及设计交底、图纸会审资料;

(5)招标文件和最高投标限价;

(6)工程合同文件;

(7)项目竣工结算文件;

(8)工程签证、工程索赔等合同价款调整文件;

(9)设备、材料调价文件记录;

(10)会计核算及财务管理资料;

(11)其他有关项目管理的文件。

3. 竣工决算编制要求

(1)按规定及时组织竣工验收,保证竣工决算的及时性;

(2)积累、整理竣工项目资料,特别是项目的造价资料,保证竣工决算的完整性;

(3)清理、核对各项账目,保证竣工决算的正确性。

竣工决算应在竣工项目办理验收交付手续后一个月内编好,并上报主管部门,有关财务成本部分,还应送经办银行审查签证。主管部门和财政部门对报送的竣工决算审批后,建设单位即可办理决算调整和结束有关工作。

4. 竣工决算编制程序

(1)收集、整理和分析资料。在编制竣工决算文件之前,要系统地整理所有的技术资料、工程结算文件、施工图纸和各种变更与签证资料,并分析资料的准确性。

(2)清理项目财务和结余物资。清理建设项目从筹建到竣工投产(或使用)的全部债权和债务,做到工程完毕账目清晰。要核对账目,查点库有实物的数量,做到账与物相等,账与账相符。对结余的各种材料、工(器)具和设备,要逐项清点核实,妥善管理,并按规定及时处理,收回资金。对各种往来款项要及时清理,为编制竣工决算提供准确的数据。

(3)填写竣工决算报表。按照前面工程决算报表的内容,统计或计算各个项目和数量,并将其结果填到相应表格的栏目内,完成所有报表的填写。

(4)编制竣工决算说明。按照建设工程竣工决算说明的要求,编写文字说明。

(5)完成工程造价对比分析。

（6）清理、装订竣工图。

（7）上报主管部门审查。

上述的文字说明和表格经核对无误，装订成册，即成为建设项目竣工决算文件。建设项目竣工决算文件需上报主管部门审查，其财务成本部分需送交开户银行签证。竣工决算文件在上报主管部门的同时，还应抄送有关设计单位。

建设项目竣工决算的文件，由建设单位负责组织人员编写。

6.2.3 竣工决算的审核

建设项目完工可投入使用或者试运行合格后，应当在 3 个月内编报竣工财务决算，特殊情况确需延长的，中、小型项目不得超过 2 个月，大型项目不得超过 6 个月。

中央项目竣工财务决算，由财政部制定统一的审核批复管理制度和操作规程。中央项目主管部门本级以及不向财政部报送年度部门决算的中央单位的项目竣工财务决算，由财政部批复；其他中央项目竣工财务决算，由中央项目主管部门负责批复，报财政部备案；国家另有规定的，从其规定。地方项目竣工财务决算审核批复管理职责和程序要求由同级财政部门确定。

竣工决算审核的内容如下：

（1）工程价款结算是否准确，是否按照合同约定和国家有关规定进行，有无多算和重复计算工程量、高估冒算建筑材料价格现象；

（2）待摊费用支出及其分摊是否合理、正确；

（3）项目是否按照批准的概算（预）算内容实施，有无超标准、超规模、超概（预）算建设现象；

（4）项目资金是否全部到位，核算是否规范，资金使用是否合理，有无挤占、挪用现象；

（5）项目形成资产是否全面反映，计价是否准确，资产接收单位是否落实；

（6）项目在建设过程中历次检查和审计所提的重大问题是否已经整改落实；

（7）待核销基建支出和转出投资有无依据，是否合理；

（8）竣工财务决算报表所填列的数据是否完整，表间钩稽关系是否清晰、明确；

（9）尾工工程及预留费用是否控制在概算确定的范围内，预留的金额和比例是否合理；

（10）项目建设是否履行基本建设程序，是否符合国家有关建设管理制度要求等；

（11）决算的内容和格式是否符合国家有关规定；

（12）决算资料报送是否完整，决算数据间是否存在错误；

（13）相关主管部门或者第三方专业机构是否出具审核意见。

6.2.4 新增资产价值的确定

建设项目竣工投入运营（或使用）后，所花费的总投资形成了相应的资产。按照财务制度和会计准则，新增资产按资产性质可分为固定资产、流动资产、无形资产和其他资产四大类。

1. 新增固定资产价值的确定

新增固定资产价值是以独立发挥生产能力的单项工程为对象确定的。单项工程建成经有关部门验收鉴定合格，正式移交生产或使用，即应计算新增固定资产价值。一次交付生产或使用的工程一次计算新增固定资产价值，分期分批交付生产或使用的工程，应分期分批计算新增固定资产价值。计算新增固定资产价值时应注意以下几点：

（1）对于为了提高产品质量、改善劳动条件、节约材料、保护环境而建设的辅助工程，只要全部建成，正式验收交付使用后就要计入新增固定资产价值。

（2）对于单项工程中不构成生产系统，但能独立发挥效益的非生产性项目，如住宅、食堂、医务所、托儿所、生活服务网点等，在建成并交付使用后，也要计算新增固定资产价值。

（3）凡购置达到固定资产标准不需安装的设备、工（器）具，应在交付使用后计入新增固定资产价值。

（4）属于新增固定资产价值的其他投资，随同受益工程交付使用的，应同时一并计入受益工程。

（5）交付使用财产的成本，应按下列内容计算：

1）房屋、建筑物、管道、线路等固定资产的成本包括建筑工程成本和应分摊的待摊投资；

2）动力设备和生产设备等固定资产的成本包括需要安装设备的采购成本、安装工程成本、设备基础、支柱等建筑工程成本或砌筑锅炉及各种特殊炉的建筑工程成本，应分摊的待摊投资；

3）运输设备及其他不需要安装的设备、工（器）具、家具等固定资产一般仅计算采购成本，不计分摊。

（6）共同费用的分摊方法。新增固定资产的其他费用，如果是属于整个建设项目或两个以上单项工程的，在计算新增固定资产价值时，应在各单项工程中按比例分摊。分摊时，什么费用应由什么工程负担应按具体规定进行。一般情况下，建设单位管理费按建筑工程、安装工程、需安装设备价值总额按比例分摊；而土地征用费、勘察设计费则按建筑工程造价分摊。

【例 6-1】 某工业建设项目及其总装车间的建筑工程费、安装工程费、需安装设备费以及应摊入费用见表 6-6，计算总装车间新增固定资产价值。

表 6-6 建筑工程费、安装工程费、需要安装设备费及应摊入费用

项目名称	建筑工程	安装工程	需安装设备	建设单位管理费	土地使用费	勘察设计费
建设项目竣工结算	2 000	400	800	60	70	50
总装车间竣工决算	500	180	320			

【解】

$$总装车间应分摊的建设单位管理费 = \frac{500+180+320}{2\ 000+400+800} \times 60$$

$$= 18.75（万元）$$

$$总装车间应分摊的土地征用费 = \frac{500}{2\ 000} \times 70$$
$$= 17.5(万元)$$

$$总装车间应分摊的勘察设计费 = \frac{500}{2\ 000} \times 50$$
$$= 12.5(万元)$$

$$总装车间新增固定资产价值 = (500 + 180 + 320) + (18.75 + 17.5 + 12.5)$$
$$= 1\ 048.75(万元)$$

2. 新增流动资产价值的确定

流动资产是指可以在一年或者超过一年的营业周期内变现或者耗用的资产。其包括现金、存货、银行存款、短期投资、应收账款及预付账款等。

(1)货币性资金。货币性资金是指现金、各种银行存款及其他货币资金。其中，现金是指企业的库存现金，包括企业内部各部门用于周转使用的备用金；各种存款是指企业的各种不同类型的银行存款；其他货币资金是指除现金和银行存款以外的其他货币资金。货币性资金根据实际入账价值核定。

(2)应收及预付款项。应收款项是指企业因销售商品、提供劳务等应向购货单位或受益单位收取的款项。预付款项是指企业按照购货合同预付给供货单位的购货定金或部分货款。应收及预付款项包括应收票据、应收款项、其他应收款、预付货款和待摊费用。一般情况下，应收及预付款项按企业销售商品、产品或提供劳务时的成交金额入账核算。

(3)短期投资。短期投资包括股票、债券、基金。股票和债券根据是否可以上市流通分别采用市场法和收益法确定其价值。

(4)存货。存货是指企业的库存材料、在产品、产成品、商品等。各种存货应当按照取得时的实际成本计价。存货的形成主要有外购和自制两个途径，外购的存货按照买价加运输费、装卸费、保险费、途中合理损耗、入库加工、整理及挑选费用、缴纳的税金等计价；自制的存货按照制造过程中的各项支出计价。

3. 新增无形资产价值的确定

(1)专利权的计价。专利权分为自创和外购两类。自创专利权的价值为开发过程中的实际支出，主要包括专利的研制成本和交易成本。研制成本包括直接成本和间接成本。直接成本是指研制过程中直接投入发生的费用(主要包括材料、工资、专用设备、资料、咨询鉴定、协作、培训和差旅等费用)；间接成本是指与研制开发有关的费用(主要包括管理费、非专用设备折旧费、应分摊的公共费用及能源费用)。交易成本是指在交易过程中的费用支出(主要包括技术服务费、交易过程中的差旅费及管理费、手续费、税金)。由于专利权是具有独占性并能带来超额利润的生产要素，因此，专利权的转让价格不按成本估价，而是按照其所能带来的超额收益计价。

(2)专有技术的计价。专有技术(又称非专利技术)的价值是其所具有的使用价值。使用价值是指通过使用专有技术能够产生超额获利，应在分析其直接和间接获利能力的基础上计算其价值。如果非专利技术是自创的，一般不作为无形资产入账，自创过程中发生费用，按当期费用处理。对于外购非专利技术，应由法定评估机构确认后再进行估价，一般采用收益法估价。

(3)商标权的计价。如果商标权是自创的，一般不作为无形资产入账，而将商标设计、制作、注册、广告宣传等发生的费用直接作为销售费用计入当期损益。只有当企业购入或转入商标时，才需要对商标权计价。商标权的计价一般根据被许可方新增的收益确定。

(4)土地使用权的计价。根据取得土地使用权的方式不同，土地使用权可有以下几种计价方式：当建设单位向土地管理部门申请土地使用权并为之支付一笔出让金时，土地使用权作为无形资产核算；当建设单位获得土地使用权是通过行政划拨的，这时土地使用权就不能作为无形资产核算；在将土地使用权有偿转让、出租、抵押、作价入股和投资，按规定补交土地出让价款时，才作为无形资产核算。

4. 新增其他资产价值的确定

其他资产是指不能全部计入当年损益，应当在以后年度分期摊销的各种费用，包括开办费、租入固定资产改良支出等。

(1)开办费的计价。开办费是指筹建期间建设单位管理费中未计入固定资产的其他各项费用，如建设单位经费，包括筹建期间工作人员工资、办公费、差旅费、印刷费、生产职工培训费、样品样机购置费、农业开荒费、注册登记费等以及不计入固定资产和无形资产购建成本的汇兑损益、利息支出。按照财务制度规定，除筹建期间不计入资产价值的汇兑净损失外，开办费从企业开始生产经营月份的次月起，按照不短于5年的期限平均摊入管理费用中。

(2)租入固定资产改良支出的计价。租入固定资产改良支出是企业从其他单位或个人租入的固定资产，所有权属于出租人，但企业依合同享有使用权。通常双方在协议中规定，租入企业应按照规定的用途使用，并承担对租入固定资产进行修理和改良的责任，即发生的修理和改良支出全部由承租方负担。对租入固定资产的大修理支出，不构成固定资产价值，其会计处理与自有固定资产的大修理支出无区别。对租入固定资产实施改良，因有助于提高固定资产的效用和功能，应当另外确认为一项资产。由于租入固定资产的所有权不属于租入企业，所以，租入固定资产改良及大修理支出应当在租赁期内分期平均摊入制造费用或管理费用中。

6.2.5 质量保证金

1. 缺陷责任期与保修期

(1)缺陷责任期。缺陷是指建设工程质量不符合工程建设强制标准、设计文件，以及承包合同的约定。缺陷责任期是指承包人对已交付使用的工程承担合同约定的缺陷修复责任的期限。

(2)保修期。保修期是指在正常使用条件下建设工程的最低保修期限，其期限长短执行《建设工程质量管理条例》的规定。

2. 缺陷责任期与保修期的期限

(1)缺陷责任期的期限。缺陷责任期从工程通过竣工验收之日起计。由于承包人原因导致工程无法按规定期限进行竣工验收的，缺陷责任期从实际通过竣工验收之日起计。由于发包人原因导致工程无法按规定期限进行竣工验收的，在承包人提交竣工验收报告90天后，工程自动进入缺陷责任期。缺陷责任期一般为1年，最长不超过2年，由发承包双方在合同中约定。

（2）保修期的期限。保修期自实际竣工日起计算，按照《建设工程质量管理条例》的规定，保修期限如下：

1）基础设施工程、房屋建筑的地基基础工程和主体结构工程，为设计文件规定的该工程的合理使用年限；

2）屋面防水工程、有防水要求的卫生间、房间和外墙面的防渗漏为5年；

3）供热与供冷系统为2个采暖期和供热期；

4）电气管线、给水排水管道、设备安装和装修工程为2年。

3. 质量保证金的处理

（1）质量保证金的含义。根据《建设工程质量保证金管理办法》的规定，建设工程质量保证金是指发包人与承包人在建设工程承包合同中约定，从应付的工程款中预留，用以保证承包人在缺陷责任期内对建设工程出现的缺陷进行维修的资金。

（2）质量保证金的预留。发包人应按照合同约定方式预留质量保证金，质量保证金总预留比例不得高于工程价款结算总额的5%。合同约定由承包人以银行保函替代预留质量保证金的，保函金额不得高于工程价款结算总额的5%。在工程项目竣工前，已经缴纳履约保证金的，发包人不得同时预留工程质量保证金。采用工程质量保证担保、工程质量保险等其他方式的，发包人不得再预留质量保证金。

（3）质量保证金的管理。缺陷责任期内，实行国库集中支付的政府投资项目，质量保证金的管理按国库集中支付的有关规定执行；其他政府投资项目，质量保证金可以预留在财政部门或发包方。缺陷责任期内，如发包方被撤销，质量保证金随交付使用资产一并移交使用单位，由使用单位代行发包人职责。社会投资项目采用预留质量保证金方式的，发承包双方可以约定将质量保证金交由金融机构托管。

（4）质量保证金的使用。缺陷责任期内，由承包人原因造成的缺陷，承包人应负责维修，并承担鉴定及维修费用。如承包人不维修也不承担费用，发包人可按合同约定从质量保证金或银行保函中扣除，费用超出质量保证金额的，发包人可按合同约定向承包人进行索赔。承包人维修并承担相应费用后，不免除对工程的损失赔偿责任。由他人及不可抗力原因造成的缺陷，发包人负责组织维修，承包人不承担费用，且发包人不得从质量保证金中扣除费用。发、承包双方就缺陷责任有争议时，可以请有资质的单位进行鉴定，责任方承担鉴定费用并承担维修费用。

（5）质量保证金的返还。缺陷责任期内，承包人认真履行合同约定的责任，到期后，承包人向发包人申请返还质量保证金。

发包人在接到承包人返还质量保证金申请后，应于14天内会同承包人按照合同约定的内容进行核实。如无异议，发包人应当按照约定将质量保证金返还给承包人。对返还期限没有约定或者约定不明确的，发包人应当在核实后14天内将质量保证金返还承包人，逾期未返还的，依法承担违约责任。发包人在接到承包人返还质量保证金申请后14天内不予答复，经催告后14天内仍不予答复，视同认可承包人的返还保证金申请。

6.3　综合应用示例

背景资料

某工业建设项目从 2017 年年初开始实施，到 2018 年年底的财务核算资料如下：

(1)已经完成部分新建单项工程，经验收合格后交付使用的资产有：

1)固定资产 74 872 万元；

2)为生产准备的使用期限在一年以内的随机备件、工(器)具 29 361 万元。期限在一年以上，单件价值 2 000 元以上的工具 61 万元；

3)建筑期内购置的专利权与非专利技术 1 700 万元，摊销期为 5 年。

(2)基本建设支出的项目有：

1)建筑工程与安装工程支出 15 800 万元；

2)设备工器具投资 43 800 万元；

3)建设单位管理费、勘察设计费等待摊投资 2 392 万元；

4)通过出让方式购置的土地使用权形成的其他投资 108 万元。

(3)非经营项目发生的待核销基本建设支出 40 万元。

(4)应收生产单位投资借款 1 500 万元。

(5)购置需要安装的器材预付款 49 万元。

(6)现金 436 万元。

(7)预付工程款 20 万元。

(8)建设单位自用的固定资产原价 60 220 万元，累计折旧 10 066 万元。

(9)反映在"资金平衡表"上的各类资金来源的期末余额为：

1)中央财政一般公共预算拨款 48 000 万元；

2)自筹资金 60 508 万元；

3)项目法人资本金 300 万元；

4)建设单位向银行借入的资金 109 287 万元；

5)建设单位当年完成的交付生产单位使用的资产价值中，有 160 万元属于利用投资借款形成的待冲基本建设支出；

6)应付器材销售商 37 万元的货款和应付工程款 1 963 万元尚未支付；

7)未交税金 28 万元。

问题

1. 填写交付使用资产与在建工程数据表(表 6-7)。

表 6-7　交付使用资产与在建工程数据表

资金项目	金　额/万元	资金项目	金　额/万元
(一)交付使用资产		(二)在建工程	
1. 固定资产		1. 建筑安装工程投资	
2. 流动资产		2. 设备投资	
3. 无形资产		3. 待摊投资	
		4. 其他投资	

2. 编制建设项目竣工财务决算表。

知识点

1. 各种费用的归类。
2. 基本建设竣工财务决算表的编制。

分析思路与参考答案

问题 1

填写"交付使用资产与在建工程数据表"中的有关数据，是为了了解建设期的在建工程的核算，主要在"建筑安装工程投资""设备投资""待摊投资""其他投资"四个会计科目中反映。当年已经完工、交付生产使用资产的核算主要在"交付使用资产"科目中反映，并分为固定资产、流动资产、无形资产、其他资产等明细科目。

在填写"交付使用资产与在建工程数据表"的过程中，要注意各资金项目的归类，即哪些资金应归入到哪些项目中。具体的资金项目归类与数据填写见表 6-8。

表 6-8　资金项目归类与数据

资金项目	金　额/万元	资金项目	金　额/万元
(一)交付使用资产	105 994	(二)在建工程	62 100
1. 固定资产	74 933	1. 建筑安装工程投资	15 800
2. 流动资产	29 361	2. 设备投资	43 800
3. 无形资产	1 700	3. 待摊投资	2 392
		4. 其他投资	108

(1)固定资产指使用期限超过一年，单位价值在规定标准以上(一般不超过 2 000 元)，并在使用过程中保持原有物质形态的资产。从背景资料中可知，满足这两个条件的有：固定资产 74 872 万元；期限在一年以上，单件价值 2 000 元以上的工具 61 万元。因此"资金平衡表"中的固定资产为

$$74\ 872+61=74\ 933(万元)$$

(2)流动资产是指可以在一年内或超过一年的一个营业周期内变现或者运用的资产。对

146

于不同时具备固定资产两个条件的低值易耗品也计入流动资产范围。所以"资金平衡表"中的流动资产为生产准备的使用期限在一年以内的随机备件、工(器)具 29 361(万元)。

(3)无形资产是指企业长期使用，但没有实物形态的资产，如专利权、著作权、非专利技术、商誉等。资金平衡表中的无形资产为该项目建设期内购置的专利权与非专利技术 1 700(万元)。

(4)建筑安装工程投资、设备投资、待摊投资、其他投资四项可直接在背景资料中找到，填入即可。

问题 2

竣工决算是指建设项目或单项工程竣工后，建设单位编制的总结性文件。竣工结算由竣工结算报表、竣工财务决算说明书、工程竣工图和工程造价分析四部分组成。"建设项目竣工财务决算表"是竣工决算报表体系中的一份报表。通过编制"建设项目竣工财务决算表"，熟悉该表的整体结构及各组成部分的内容。建设项目竣工财务决算表的形式见表 6-3，本项目竣工财务决算表中数据的填写见表 6-9。

表 6-9　竣工财务决算表

资金来源	金额/元	资金占用	金额/元
资金来源	金额/元	资金占用	金额/元
1. 基建拨款	48 000	1. 基建支出	168 134
1.1 中央财政资金		1.1 交付使用资产	105 994
其中：一般公共预算资金	48 000	1.1.1 固定资产	74 933
中央基建投资		1.1.2 流动资产	29 361
财政专项资金		1.1.3 无形资产	1 700
政府性基金		1.2 在建工程	62 100
国有资本经营预算安排的基建资金		1.2.1 建筑安装工程投资	15 800
1.2 地方财政资金		1.2.2 设备投资	43 800
其中：一般公共预算资金		1.2.3 待摊投资	2 392
地方基建投资		1.2.4 其他投资	108
财政专项资金		1.3 待核销基建支出	40
政府性基金		1.4 转出投资	
国有资本经营预算安排的基建资金		2. 货币资金合计	480
2. 部门自筹资金(非负债性资金)	60 508	其中：银行存款	
3. 项目资本金	300	财政应返还额度	
3.1 国家资本		其中：直接支付	
3.2 法人资本	300	授权支付	
3.3 个人资本		现金	436
3.4 外商资本		有价证券	
4. 项目资本公积		3. 预付及应收款合计	1 569

资金来源	金额/元	资金占用	金额/元
5. 基建借款	109 297	3.1 预付备料款	
其中：企业债券资金		3.2 预付工程款	20
6. 待冲基建支出	160	3.3 预付设备款	49
7. 应付款合计	2 000	3.4 应收票据	
7.1 应付工程款	1 963	3.5 其他应收款	1 500
7.2 应付设备款	37	4. 固定资产合计	50 154
7.3 应付票据		4.1 固定资产原价	60 220
7.4 应付工资及福利		减：累计折旧	10 066
7.5 其他应付款		4.2 固定资产净值	50 154
8. 未交款合计	28	4.3 固定资产清理	
8.1 未交税金	28	4.4 待处理固定资产损失	
8.2 未交结余财政资金			
8.3 未交基建收入			
8.4 其他未交税款			
合计	220 293	合计	220 293

第 7 章

自测试卷

试卷一

一、单项选择题(共 24 分，每题 1 分。每题选对得 1 分，选错、多选或不选均为 0 分)

1. 下列活动属于广义工程的是( )。
   - A. 建造拦河大坝
   - B. 组织登山活动
   - C. 生产制造食品
   - D. 南水北调工程

2. 从投资者的角度看问题，工程造价是指( )。
   - A. 建设项目从筹建到竣工的总投资
   - B. 建设项目在建设期间的投资
   - C. 建设单位支付给施工单位的工程款
   - D. 建设单位购买建筑材料的投资

3. 某建设项目的设备及工(器)具购置费为 2 000 万元，建筑安装工程费为 1 000 万元，工程建设其他费为 800 万元，预备费为 500 万元，建设期贷款为 1 200 万元，应计利息为 100 万元，流动资金估计为 300 万元，则建设项目的工程造价为( )万元。
   - A. 5 900
   - B. 5 800
   - C. 4 400
   - D. 3 800

4. 关于设备原价，下列说法不正确的是( )。
   - A. 国产设备原价可以指设备制造厂的交货价
   - B. 国产设备原价可以指设备的订货合同价
   - C. 国产标准设备原价一般采用带有备件的原价
   - D. 国产标准设备原价一般采用不带有备件的原价

5. 关于项目决策与工程造价的关系，下列说法正确的是( )。
   - A. 工程造价的合理性是项目决策正确性的前提
   - B. 项目决策的内容是决定工程造价的基础
   - C. 工程造价确定的精确度影响决策的深度
   - D. 工程造价的控制效果影响项目决策的深度

6. 生产性项目建成投产后用于购买原材料、支付工资及其他经营费用所需的周转资金被称为（　　）。
   A. 工（器）具购置费   B. 工程建设其他费
   C. 流动资金   D. 生产准备金

7. 关于工程设计与工程造价间的关系，下列说法不正确的是（　　）。
   A. 初步设计对应设计概算
   B. 施工图设计阶段需做工程预算
   C. 设计交底时可能发生工程价款的调整
   D. 设计准备工作期间需完成修正概算

8. 掌握建设地点的外部环境和客观情况，了解业主对工程的具体要求和目前建筑行业所具有的施工技术水平，属于（　　）期间应做的工作。
   A. 设计前准备   B. 初步设计
   C. 技术设计   D. 设计交底和配合施工

9. 根据工程变更的规定，工程变更价款通常由（　　）提出，报（　　）批准。
   A. 工程师、业主   B. 承包商、工程师
   C. 承包商、业主   D. 业主、承包商

10. 2010 年 3 月实际完成的某土方工程在 2010 年 1 月签约时的工作量为 10 万元，该工程的固定系数为 0.2，各参加调值的因素 A、B、C 分别占比例 20%、45%、15%，价格指数除 A 增长了 10% 外，都未发生变化，按调值公式计算的应结算工程款为（　　）万元。
    A. 10.5   B. 10.4   C. 10.3   D. 10.2

11. 下列建设项目，还不具备竣工验收条件的是（　　）。
    A. 工业项目经负荷试车，试生产期间能正常生产出合格产品形成生产能力的
    B. 非工业项目符合设计要求，能够正常使用的
    C. 工业项目虽可使用，但少数设备短期不能安装，工程内容未全部完成的
    D. 工业项目已完成某些单项工程，但不能提前投料试车的

12. 可以进行竣工验收工程的最小单位是（　　）。
    A. 分部分项工程   B. 单位工程   C. 单项工程   D. 工程项目

13. 工程之间千差万别，在用途、结构、造型、坐落位置等方面都有很大的不同，这体现了工程造价（　　）的特点。
    A. 动态性   B. 个别性和差异性
    C. 层次性   D. 兼容性

14. 在项目建设全过程的各个阶段中，即可行性研究、初步设计、技术设计、施工图设计、招标投标、施工及竣工验收等阶段，都进行相应的计价，分别对应形成投资估算、设计概算、修正概算、施工图预算、合同价、结算价及决算价等。这体现了工程造价（　　）的计价特征。
    A. 复杂性   B. 多次性   C. 组合性   D. 方法多样性

15. 国产标准设备是指（　　）。
    A. 按照主管部门颁布的标准图纸和技术要求，由我国设备生产厂批量生产的，符合国家质量检测标准的设备

B. 按照企业自定的图纸和技术要求，由设备生产厂批量生产的，符合质量检测标准的设备

C. 按照业主提供的图纸和技术要求，由我国设备生产厂生产的，符合国家质量检测标准的设备

D. 按照主管部门颁布的标准图纸和业主提出的技术要求，由我国设备生产厂生产的，符合国家质量检测标准的设备

16. 进口设备的原价指的是（　　）的价格。

A. 进口设备抵达买方边境港口

B. 进口设备抵达买方边境车站

C. 进口设备抵达买方边境机场

D. 进口设备抵达买方边境港口且交完税费

17. （　　）将作为项目建设资金筹措和制订贷款计划的依据。

A. 基本预备费　　　　　　　　　　B. 经批准的投资估算

C. 建设期贷款利息　　　　　　　　D. 固定资产的静态投资

18. 原有日产产品 10 吨的某生产系统，现拟建相似的生产系统，生产能力比原有的增加 2 倍，用生产能力指数估计法估计投资额需要增加约为（　　）（指数为 0.5）。

A. 1.4 倍　　　　B. 1.7 倍　　　　C. 70%　　　　D. 40%

19. 设计方案竞选的目的实际上是（　　）。

A. 为拟建的工程项目选择一家有资质的设计企业

B. 为拟建的工程项目选择一个业主中意的设计方案

C. 为拟建的工程项目选择一家业主认为最好的设计公司

D. 为拟建的工程项目选择一家及以上符合政府规定的设计单位

20. 利用技术条件与设计对象相类似的已完工程或在建工程的预算资料来编制拟建工程的概算被称为（　　）。

A. 概算定额法　　　　　　　　　　B. 类似工程预算法

C. 概算指标法　　　　　　　　　　D. 扩大单价估算法

21. 某土方工程合同承包价格为 20 元/m³，其中人工费标准为 50 元/工日，窝工则按 70% 计算。估计工程量为 20 000 m³，在开挖中，由于发包方原因造成施工方 10 人窝工 5 天，由于施工方原因造成 15 人窝工 2 天，施工方合理的人工费索赔为（　　）元。

A. 900　　　　　　B. 1 750　　　　　　C. 2 450　　　　　　D. 2 700

22. 钢门窗安装工程，五月份拟完工程计划投资 10 万元，已完工程计划投资 8 万元，已完工程实际投资 12 万元，则进度偏差为（　　）万元。

A. −2　　　　　　B. 4　　　　　　C. 2　　　　　　D. −4

23. 竣工决算的计量单位是（　　）。

A. 实物数量和货币指标

B. 建设费用和建设成果

C. 固定资产价值、流动资产价值、无形资产价值、递延和其他资产价值

D. 建设工期和各种技术经济指标

24. 某住宅在保修期限及保修范围内，由于洪水造成了该住宅的质量问题，其保修费用应由（　　）承担。
    A. 施工单位   B. 设计单位
    C. 使用单位   D. 建设单位

二、多项选择题（共 24 分，每题 2 分。每题每选对 1 个选项得 0.5 分，全部选对得 2 分，选错、多选或不选均为 0 分）

1. 关于工程建设各个阶段的计价，下列说法正确的有（　　）。
    A. 投资估算最为粗略
    B. 施工图预算比修正概算更为详尽和准确
    C. 合同价是由发包方和承包商协商一致后的价格，合同签订后不得改变
    D. 工程结算价是该结算工程的实际价格
    E. 工程建设各阶段依次形成的造价关系是前者制约后者，后者补充前者

2. 国家对造价工程师职业资格实行执业注册管理制度，依据该管理制度，下列说法正确的是（　　）。
    A. 造价工程师执业时应持注册证书和执业印章
    B. 注册证书由住房和城乡建设部统一制作
    C. 注册证书由交通运输部统一制作
    D. 注册证书由水利部统一制作
    E. 执业印章由注册造价工程师按照统一规定自行制作

3. 根据我国现行的建设项目投资构成，建设项目投资由（　　）组成。
    A. 固定资产投资   B. 流动资产投资
    C. 无形资产投资   D. 递延资产投资
    E. 其他资产投资

4. 外贸手续费的计费基础是（　　）之和。
    A. 装运港船上交货价   B. 国际运费
    C. 银行财务价   D. 关税
    E. 运输保险费

5. 进行项目财务评价的基本报表有（　　）。
    A. 固定资产投资估算表   B. 投资使用计划与资金筹措计划表
    C. 现金流量表   D. 损益表
    E. 资产负债表

6. 下列属于全部投资现金流量表中现金流出范围的有（　　）。
    A. 固定资产投资   B. 流动资金
    C. 固定资产折旧费   D. 经营成本
    E. 利息支出

7. 下面的工作属于施工图设计的内容有（　　）。
    A. 拟建工程效果图的绘制   B. 拟建工程各分部分项工程详图的绘制
    C. 拟建工程模型的制作   D. 拟建工程结构构件明细表的编制
    E. 拟建工程的验收标准或方法

8. 工程设计中所说的"三阶段设计"指的是（　　）。

    A. 对拟建项目进行的景观设计　　　　B. 对拟建项目进行的初步设计

    C. 对拟建项目进行的技术设计　　　　D. 对拟建项目进行的装饰设计

    E. 对拟建项目进行的施工图设计

9. 由于业主原因设计变更，导致工程停工一个月，则承包商可索赔的费用包括（　　）。

    A. 利润　　　　　　　　　　　　　　B. 人工窝工

    C. 机械设备闲置费　　　　　　　　　D. 增加的现场管理费

    E. 税金

10. 在建设项目施工期间，承包商可根据合同规定提出付款申请，付款申请的主要内容包括（　　）。

    A. 已完工程量进度款　　　　　　　　B. 工程变更费

    C. 返工损失费　　　　　　　　　　　D. 恶劣气候造成的窝工损失费

    E. 索赔

11. 建设项目竣工验收的主要依据包括（　　）。

    A. 可行性研究报告　　　　　　　　　B. 设计文件

    C. 招标文件　　　　　　　　　　　　D. 合同文件

    E. 技术设备说明书

12. 建设项目竣工验收的内容可分为（　　）。

    A. 建设工程项目验收　　　　　　　　B. 工程资料验收

    C. 工程财务报表验收　　　　　　　　D. 工程内容验收

    E. 工程材料验收

三、分析计算题

1. 某建设项目从美国进口设备重 1 000 t，装运港船上交货价为 600 万美元，海运费为 300 美元/t，海上运输保险费和银行手续费分别为货价的 2.66‰ 和 5‰，外贸手续费费率为 1.5%，增值税税率为 17%，关税税率为 25%，美元对人民币汇率为 1：7。

求：进口设备原价并将计算过程填入表 7-1。（16 分）

表 7-1　计算过程

费用项目	计算式	金额/万元人民币
1　抵岸价		
1.1　货价(FOB)		
1.2　海运费		
1.3　海运保险费		
1.4　银行手续费		
1.5　外贸手续费		
1.6　关税		
1.7　增值税		

2. 某大型土方开挖工程，计划挖方量为 286 000 m³，计划进度为 11 720 m³/天，计划投资为 26 元/m³。工程进行到第 16 天时检查发现，实际完成挖方量为 195 000 m³，实际投资了 5 055 000 元。

求：该土方开挖工程第 16 天的计划完成工程量、拟完工程计划投资、已完工程计划投资、投资偏差、进度偏差。（16 分）

3. 某项目建设期为 3 年，固定资产投资第一年贷款为 2 000 万元，第二年贷款为 3 000 万元，第三年无贷款，贷款年利率为 6%。流动资金在运营期第一年年初贷款 200 万元，第二年年初再贷 500 万元，贷款年利率为 5%。投资者与银行约定，固定资产贷款在运营期的第 1～5 年按每年等额还本利息照付方式还清贷款本息；流动资金贷款在使用期的各年只付利息不还本金。

求：

(1)编制固定资产投资贷款的还本付息表，计算还款期各年应付给银行的本金；

(2)计算该项目的流动资金贷款利息。（20 分）

试卷二

一、单项选择题(共 24 分,每题 1 分。每题选对得 1 分,选错、多选或不选均为 0 分)

1. 工程的实际造价是在( )阶段确定的。
   A. 招标投标　　　　　B. 合同签订　　　　C. 竣工验收　　　　D. 施工图设计

2. 预算造价是在( )阶段编制的。
   A. 初步设计　　　　　B. 技术设计　　　　C. 施工图设计　　　D. 招标投标

3. ( )是进口设备的离岸价格。
   A. CIF　　　　　　　B. C&F　　　　　　C. FOB　　　　　　D. FAS

4. 进口设备运杂费中运输费的运输区间是指( )。
   A. 出口国供货地至进口国边境港口或车站
   B. 出口国的边境港口或车站至进口国的边境港口或车站
   C. 进口国的边境港口或车站至工地仓库
   D. 出口国的边境港口或车站至工地仓库

5. 进行静态投资的估算,一般需要确定一个基准年,以便估算有一个统一的标准。静态投资估算的基准年常为( )。
   A. 项目开工的前一年　　　　　　　　　B. 项目开工的第一年
   C. 项目投产的第一年　　　　　　　　　D. 项目投产的前一年

6. 某工业项目,建筑安装工程费为 3 154 万元,设备工(器)具购置费为 3 486 万元,工程建设其他费为 830 万元,预备费为 581 万元,建设期贷款利息为 249 万元。经测算,项目流动资金占固定资产投资的 16%,则该项目铺底流动资金为( )万元。
   A. 1 328　　　　　　B. 398.4　　　　　C. 265.6　　　　　D. 358.6

7. ( )是拟建工程项目建设投资的最高限额。
   A. 拟建工程项目的投资估算　　　　　　B. 经批准的拟建项目的设计概算
   C. 经审核的拟建项目的施工图预算　　　D. 拟建项目开工前的造价调整值

8. 关于单位工程概算,下列说法中不正确的是( )。
   A. 单位工程概算是单项工程综合概算的组成部分
   B. 单位工程概算可分为建筑工程概算和设备及安装工程概算
   C. 土建工程概算属于单位工程概算中的建筑工程概算
   D. 通风、空调工程概算属于单位工程概算中的设备及安装工程概算

9. 某分项工程发包方提供的估计工程量为 1 500 m³,合同中规定单价为 16 元/m³,实际工程量超过估计工程量 10% 时,调整单价,单价调为 15 元/m³,实际完成工程量 1 800 m³,工程款为( )元。
   A. 28 650　　　　　　B. 27 000　　　　　C. 28 800　　　　　D. 28 500

10. 在纠偏措施中,合同措施主要是指( )。
    A. 投资管理　　　　　　　　　　　　　B. 施工管理
    C. 监督管理　　　　　　　　　　　　　D. 索赔管理

11. 在建设工程竣工验收步骤中，施工单位自验后应由（　　）。

  A. 建设单位组织设计、监理、施工等单位对工程等级进行评审

  B. 质量监督机构进行审核

  C. 施工单位组织设计、监理等单位对工程等级进行评审

  D. 若经质量监督机构审定不合格，责任单位需返修

12. 承包商自验是指承包商在完成承包的工程后，自行对所完成的项目进行检查的过程，自验不包括（　　）。

  A. 基层施工单位自验 B. 项目经理自验 C. 监理工程师预验 D. 公司级预验

13. 概算造价是指在初步设计阶段，根据设计意图，通过编制工程概算文件确定的工程造价，概算造价主要受（　　）的控制。

  A. 投资估算   B. 合同价   C. 修正概算造价 D. 实际造价

14. 工程造价咨询是指咨询企业面向社会接受委托，承担工程项目建设的可行性研究与经济评价活动。下面（　　）工作不属于工程造价咨询的范畴。

  A. 编制设计概算 B. 修订工程定额 C. 进行工程结算 D. 收集造价信息

15. 某项目进口一批工艺设备，其银行财务费为 4.25 万元，外贸手续费为 18.9 万元，关税税率为 20%，增值税税率为 17%，抵岸价为 1 792.19 万元。该批设备无消费税，则该批进口设备的到岸价为（　　）万元。

  A. 1 045   B. 1 260   C. 1 291.27   D. 747.19

16. 某项目购买一台国产设备，其购置费为 1 325 万元，运杂费费率为 10.6%，则该设备的原价为（　　）万元。

  A. 1 198   B. 1 160   C. 1 506   D. 1 484

17. 在全部投资的现金流量表中，计算期最后一年的产品销售收入是 38 640 万元，回收固定资产余值是 2 331 万元，回收流动资金是 7 266 万，总成本费用是 26 062 万元，折旧费是 3 730 万元，经营成本是 21 911 万元，销售税金及附加是 3 206 万元，所得税是 3 093 万元，该项目固定资产投资是 56 475 万元。则该项目所得税前净现金流量为（　　）万元。

  A. 20 027   B. 23 120   C. 18 969   D. 19 390

18. 资产负债表中的资产、负债、所有者权益三者间的关系是（　　）。

  A. 资产＋负债＝所有者权益   B. 资产＋所有者权益＝负债

  C. 资产＝负债＋所有者权益   D. 固定资产＝负债＋所有者权益

19. （　　）不能够作为工程概算的编制依据。

  A. 概算指标

  B. 经批准的可行性研究报告及投资估算

  C. 工程造价指数

  D. 造价工程师的经验

20. 运用概算指标法编制工程概算时往往需要对所采用的概算指标进行修正，下面修正表达式正确的是（　　）。

  A. 修正后概算指标＝原概算指标－换出部分价值

  B. 修正后概算指标＝原概算指标＋换入部分价值

C. 修正后概算指标＝原概算指标－换出部分价值＋换入部分价值

D. 修正后概算指标＝原概算指标＋换出部分价值－换入部分价值

21. 某市建筑工程公司承建一办公楼，工程合同价款为 900 万元，2002 年 2 月签订合同，2002 年 12 月竣工，2002 年 2 月的造价指数为 100.04，2002 年 12 月造价指数为 100.36，则工程价差调整额为(　　)。

    A. 4.66　　　　　　B. 2.65　　　　　　C. 3.02　　　　　　D. 2.88

22. 如甲方不按合同约定支付工程进度款，双方又未达成延期付款协议，致使施工无法进行，则(　　)。

    A. 乙方仍应设法继续施工

    B. 乙方如停止施工则应承担违约责任

    C. 乙方可停止施工，甲方承担违约责任

    D. 乙方可停止施工，由双方共同承担责任

23. 单项工程验收的组织方是(　　)。

    A. 建设单位　　　　　B. 施工单位　　　　　C. 监理工程师　　　　D. 质检部门

24. 关于竣工结算说法，下列正确的是(　　)。

    A. 建设项目竣工决算应包括从筹划到竣工投产全过程的直接工程费用

    B. 建设项目竣工决算应包括从动工到竣工投产全过程的全部费用

    C. 新增固定资产价值的计算应以单项工程为对象

    D. 已具备竣工验收条件的项目，如两个月内不办理竣工验收和固定资产移交手续则视同项目已正式投产

二、多项选择题(共 24 分，每题 2 分。每题每选对 1 个选项得 0.5 分，全部选对得 2 分，选错、多选或不选均为 0 分)

1. 工程造价咨询企业从事咨询活动时，应当遵循(　　)原则，不得损害社会公共利益和他人的合法权益。

    A. 独立　　　　　　　　　　　　　　　B. 客观

    C. 公正　　　　　　　　　　　　　　　D. 利益最大化

    E. 诚实信用

2. 工程造价咨询企业申请资质时应当提交的材料有(　　)。

    A. 企业营业执照　　　　　　　　　　　B. 工程造价咨询企业资质等级申请书

    C. 专职专业人员职称证书和毕业证书　　D. 兼职专业人员身份证

    E. 固定办公场所的租赁合同或产权证明

3. 下列各项中的(　　)没有包含关税。

    A. 到岸价　　　　　　　　　　　　　　B. 抵岸价

    C. FOB 价　　　　　　　　　　　　　　D. CIF 价

    E. 关税完税价

4. 基本预备费等于(　　)之和乘以基本预备费费率。

    A. 设备及工(器)具购置费　　　　　　　B. 建安工程费

    C. 建设期贷款利息　　　　　　　　　　D. 工程建设其他费

    E. 固定资产投资方向调节税

5. 下列属于财务评价动态指标的有(　　)。

　　A. 投资利润率　　　　　　　　　　B. 借款偿还期

　　C. 财务净现值　　　　　　　　　　D. 财务内部收益率

　　E. 资产负债率

6. 反映项目盈利能力的指标有(　　)。

　　A. 投资回收期　　　　　　　　　　B. 财务净现值

　　C. 财务内部收益率　　　　　　　　D. 流动比率

　　E. 速动比率

7. 设备安装工程预算可分为(　　)。

　　A. 机械设备安装工程预算　　　　　B. 电气照明工程预算

　　C. 电气设备安装工程预算　　　　　D. 工业管道工程预算

　　E. 热力设备安装工程预算

8. 设计概算可分为(　　)三级。

　　A. 单位工程概算　　　　　　　　　B. 建筑工程概算

　　C. 设备及安装工程概算　　　　　　D. 单项工程综合概算

　　E. 建设项目总概算

9. 工程师对承包商方提出的变更价款进行审核和处理时，下列说法正确的有(　　)。

　　A. 承包商在工程变更确定后的规定时限内，向工程师提出变更价款报告，经工程师确认后调整合同价款

　　B. 承包商在规定时限内不向工程师提出变更价款报告，则视为该项变更不涉及价款变更

　　C. 工程师收到变更价款报告，在规定时限内无正当理由不确认，一旦超过时限，该价款报告失效

　　D. 工程师不同意承包商提出的变更价款，可以和解或要求工程造价管理部门调解

　　E. 工程师确认增加的工程变更价款作为追加合同款，与工程款同期支付

10. 工程保修金的扣法正确的有(　　)。

　　A. 累计拨款额达到建安工程造价的一定比例停止支付，预留部分作为保修金

　　B. 在第一次结算工程款中一次扣留

　　C. 在施工前预交保修金

　　D. 在竣工结算时一次扣留

　　E. 从发包方向承包商第一次支付工程款开始，在每次承包商应得的工程款中扣留

11. 关于竣工决算的概念，下面正确的有(　　)。

　　A. 竣工决算是竣工验收报告的重要组成部分

　　B. 竣工决算是核定新增固定资产价值的依据

　　C. 竣工决算是反映建设项目实际造价和投资效果的文件

　　D. 竣工决算在竣工验收之前进行

　　E. 竣工决算是考核分析工程建设质量的依据

12. 竣工决算的内容包括(　　)。

　　A. 竣工决算报表　　　　　　　　　B. 竣工情况说明书

C. 竣工工程概况表 D. 竣工工程预算表

E. 交付使用的财产表

三、分析计算题

1. 某建设项目含有进口设备与国产设备。进口设备原价为 6 553.28 万元人民币,进口设备从到货口岸至安装现场距离为 500 km,运输费为 0.5 元/(t·km),装卸费为 50 元/t,国内运输保险费费率为抵岸价的 1‰,设备现场保管费费率为抵岸价的 2‰。

求:进口设备的购置费。(16 分)

2. 某拟建住宅面积为 9 000 m²,土建工程量及扩大单价见表 7-2。工程所在地的措施费为工程费的 12%,其他项目费为工程费与措施费之和的 6%,规费为工程费、措施费与其他项目费之和的 7%,综合税率为 3.5%。

表 7-2 土建工程量及扩大单价

分部工程名称	单位	工程量	扩大单价/元
基础工程	10 m³	300	4 000
混凝土及钢筋混凝土	10 m³	400	9 000
砌筑工程	10 m³	350	5 000
地面工程	100 m²	80	1 500
楼面工程	100 m²	200	2 000
卷材屋面	100 m²	50	5 000
门窗工程	100 m²	60	7 000
脚手架	100 m²	300	800

求:完成该住宅的工程概算造价计算表(表 7-3)。(16 分)

表 7-3 工程概算造价计算表

序号	分部工程名称	单位	工程量	扩大单价/元	合计/万元
1	基础工程	10 m³			
2	混凝土及钢筋混凝土	10 m³			
3	砌筑工程	10 m³			
4	地面工程	100 m²			
5	楼面工程	100 m²			
6	卷材屋面	100 m²			
7	门窗工程	100 m²			
8	脚手架	100 m²			
A	工程费小计				
B	措施费				
C	其他项目费				
D	规费				
E	税金				
	概算造价				
	平方米造价				

3. 拟建项目计划建设期为 2 年，运营期为 8 年，运营期第一年的生产能力达到设计生产能力的 60%，第二年达 100%。

建设期第一年投资 800 万元，第二年投资 1 000 万元，投资全部形成固定资产，固定资产使用寿命为 10 年，残值为 150 万元，按直线折旧法计提折旧。流动资金分别在建设期第二年与运营期第一年投入 300 万元、400 万元。

运营期第一年的销售收入为 1 000 万元，经营成本为 300 万元，总成本为 400 万元。第二年以后各年的销售收入均为 1 500 万元，经营成本均为 500 万元，总成本均为 650 万元。产品销售税金及附加税税率为 6%，所得税税率为 33%，行业基准收益率为 10%。

求：(1)计算运营期各年的所得税；
(2)在全部投资现金流量表(表 7-4)中填入全部相关数据；
(3)计算项目的静态投资回收期。(20 分)

表 7-4　全部投资现金流量表

单位：万元

序号	项　目	建设期		运营期							
		1	2	3	4	5	6	7	8	9	10
	生产负荷/%										
1	现金流入										
1.1	销售收入										
1.2	回收固定资产余值										
1.3	回收流动资金										
2	现金流出										
2.1	固定资产投资										
2.2	流动资金										
2.3	经营成本										
2.4	销售税金及附加										
2.5	所得税										
3	净现金流量										

试卷三

一、单项选择题(共 24 分,每题 1 分。每题选对得 1 分,选错、多选或不选均为 0 分)

1. 关于乙级工程造价咨询企业的资质标准,下面正确的是( )。
   A. 专职专业人员不少于 20 人,取得造价工程师注册证书的人员不少于 10 人
   B. 技术负责人具有工程或工程经济类高级专业技术职称
   C. 企业注册资本不少于人民币 100 万元
   D. 具有固定的办公场所,人均办公建筑面积不少于 20 m²

2. 甲级工程造价咨询企业的资质,应当由( )审批。
   A. 申请单位注册所在地市级政府
   B. 申请单位注册所在地省级政府
   C. 申请单位所在行业的部级部门
   D. 国务院住房城乡建设主管部门

3. 按照成本计算估价法,下列( )不属于国产非标准设备原价的组成范围。
   A. 外购配套件费
   B. 增值税
   C. 包装费
   D. 组装费

4. 设备购置费组成为( )。
   A. 设备原价+运杂费
   B. 设备原价+运费+装卸费
   C. 设备原价+运费+采购与保管费
   D. 设备原价+采购与保管费

5. 某项目第一年投资 100 万元,第二年获得净收益 180 万元,基准收益率为 10%,则财务净现值为( )万元。
   A. 80
   B. 72.7
   C. 66.1
   D. 57.9

6. 当某项目折现率为 10% 时,财务净现值为 200 万元;当折现率为 13% 时,财务净现值为 -100 万元。则该项目的财务内部收益率约为( )。
   A. 11%
   B. 12%
   C. 13%
   D. 14%

7. 当初步设计较深,有详细的设备清单时,可直接按( )来编制安装工程概算。
   A. 安装工程预算定额单价
   B. 综合扩大安装单价
   C. 占设备费的百分比
   D. 综合吨位指标

8. 当建设项目的初步设计达到一定深度,建筑结构比较明确时,编制建筑工程概算可以采用( )。
   A. 单位工程指标法
   B. 概算指标法
   C. 概算定额法
   D. 类似工程概算法

9. 在工程量验收确认时,监理工程师对承包商超出设计图纸范围施工的工程量应当( )。
   A. 不予计量
   B. 予以计量
   C. 征得发包方同意后进行计量
   D. 与承包商协商后再进行计量

10. 在建设项目施工阶段,经常会发生工程变更。对于施工中的工程变更指令,通常应该由( )发出。
    A. 项目经理
    B. 本工程的总设计师
    C. 现场监理工程师
    D. 承包商

11. 质量保证金一般按照建筑安装工程造价和承包工程合同价的一定比例提取，该提取比例是（　　）。

    A. 10%   B. 5%   C. 15%   D. 20%

12. 土地征用费和勘察设计费等费用应按（　　）比例分摊。

    A. 建筑工程造价   B. 安装工程造价

    C. 需安装设备价值   D. 建设单位其他新增固定资产价值

13. 关于我国工程造价咨询企业管理的说法中，下列正确的是（　　）。

    A. 工程造价咨询企业可以任意承接工程造价咨询业务

    B. 工程造价咨询企业的资质等级具有永久性

    C. 新开办的工程造价咨询企业可直接申请甲级工程造价咨询单位资质等级

    D. 工程造价咨询企业是提供工程造价服务、出具工程造价成果文件的中介组织

14. 凡中华人民共和国公民，工程造价专业大专毕业，从事工程造价业务工作满（　　）年，可申请参加一级造价工程师执业资格考试。

    A. 3   B. 4   C. 5   D. 6

15. 某项目进口一批生产设备，FOB 价为 650 万元，CIF 价为 830 万元，银行财务费费率为 0.5%，外贸手续费费率为 1.5%，关税税率为 20%，增值税税率为 17%。该批设备无消费税，则该批进口设备的抵岸价为（　　）万元。

    A. 1 178.10   B. 1 181.02   C. 998.32   D. 1 001.02

16. 根据设计要求，对某一框架结构进行破坏性试验，以提供和验证设计数据，该过程支出的费用属于（　　）。

    A. 检验试验费   B. 研究试验费

    C. 勘察设计费   D. 建设单位管理费

17. 某建设项目计算期为 10 年，各年净现金流量及累计净现金流量见表 7-5，则该项目静态投资回收期为（　　）年。

表 7-5　各年净现金流量及累计净现金流量

年 份	1	2	3	4	5	6	7	8	9	10
净现金流量	−200	−250	−150	80	130	170	200	200	200	200
累计净现金流量	−200	−450	−600	−520	−390	−220	−20	180	380	580

    A. 8   B. 7   C. 10   D. 7.1

18. 某项目固定资产投资为 61 488 万元，流动资金为 7 266 万元，项目投产年利润总额为 2 112 万元，正常生产期年利润总额为 8 518 万元，则正常年份的投资利润率为（　　）。

    A. 13.85%   B. 7.73%   C. 12.39%   D. 8.64%

19. 拟建砖混结构住宅工程，其外墙采用贴釉面砖，每平方米建筑面积消耗量为 0.9 m²，釉面砖全费用单价为 50 元/m²。类似工程概算指标为 58 050 元/100 m²，外墙采用水泥砂浆抹面，每平方米建筑面积消耗量为 0.92 m²，水泥砂浆抹面全费用单价为 9.5 元/m²，则该砖混结构工程修正概算指标为（　　）。

    A. 571.22   B. 616.72   C. 625.00   D. 633.28

20. ( )不能用于建筑工程概算的编制。

    A. 概算定额法   B. 类似工程预算法 C. 朗格系数法   D. 概算指标法

21. 某工程合同价款为 950 万元，主要材料款估计为 600 万元。该工程计划年度施工天数为 240 天，若材料储备天数为 50 天，则本工程的预付款限额为( )万元。

    A. 210.24   B. 200.14   C. 125   D. 197.92

22. 背景资料同习题 21，该工程预付款的起扣点约为( )万元。

    A. 646   B. 708   C. 637   D. 752

23. 按照表 7-6 所给数据计算总装车间应分摊的建设单位管理费为( )万元。

表 7-6 数据表

项目名称	建筑工程造价	安装工程造价	需安装设备费用	建设单位管理费	土地征用费
建设项目决算	2 000	800	700	60	80
总装车间决算	500	180	300		

    A. 15   B. 16.8   C. 14.57   D. 19.2

24. 按照 23 题表所给数据计算总装车间应分摊的土地征用费为( )万元。

    A. 25.6   B. 22.4   C. 19.42   D. 20

二、多项选择题(共 24 分，每题 2 分。每题每选对 1 个选项得 0.5 分，全部选对得 2 分，选错、多选或不选均为 0 分)

1. 工程造价具有多次性计价特征，其中各阶段与造价对应关系正确的有( )。

    A. 招标投标阶段→合同价   B. 施工阶段→合同价

    C. 竣工验收阶段→实际造价   D. 竣工验收阶段→结算价

    E. 可行性研究阶段→概算造价

2. 一级造价工程师执业资格考试实行全国统一大纲、统一命题、统一组织的办法，每年举行一次。一级造价工程师执业资格考试的科目有( )。

    A. 建设工程计价   B. 建设工程造价案例分析

    C. 建设工程技术与计量   D. 建设工程造价管理

    E. 建设工程概预算

3. 以下属于人工费的有( )。

    A. 计件工资   B. 津贴补贴

    C. 职工福利费   D. 奖金

    E. 劳动保险费

4. 在下列费用中，属于与未来企业生产经营有关的工程建设其他费用有( )。

    A. 建设单位管理费   B. 勘察设计费

    C. 供电贴费   D. 生产准备费

    E. 办公和生活家具购置费

5. 进行项目财务评价，保证项目可行的条件有( )。

    A. 财务净现值≥0   B. 财务净现值≤0

    C. 财务内部收益率≥基准收益率   D. 财务内部收益率≤基准回收率

    E. 静态投资回收期≤基准回收期

6. 自有资金现金流量表中的现金流出包括( )。
   A. 固定资产投资　　　　　　　　　　B. 自有资金
   C. 借款本金偿还　　　　　　　　　　D. 所得税
   E. 借款利息支出

7. 设计概算编制依据的审查内容有( )。
   A. 编制依据的合法性　　　　　　　　B. 编制依据的权威性
   C. 编制依据的准确性　　　　　　　　D. 编制依据的时效性
   E. 编制依据的适用范围

8. 单项工程综合概算是由该单项工程各专业的单位工程概算汇总而成，单项工程综合概算一般应包括( )。
   A. 工程量计算表　　　　　　　　　　B. 编制说明
   C. 分年度投资汇总表　　　　　　　　D. 主要材料汇总表
   E. 综合概算表

9. 进度偏差可以表示为( )。
   A. 已完工程计划投资－已完工程实际投资
   B. 拟完工程计划投资－已完工程实际投资
   C. 拟完工程计划投资－已完工程计划投资
   D. 拟完工程计划进度－已完工程计划进度
   E. 已完工程实际进度－已完工程计划进度

10. 当利用S形曲线进行工程控制时，通过比较计划S形曲线和实际S形曲线，可以获得的信息有( )。
    A. 工程项目实际投资比计划投资增加或减少的数量
    B. 工程项目中各项工作实际完成的任务量
    C. 工程项目实际进度比计划进度超前或拖后的时间
    D. 工程项目中各项工作实际进度比计划进度超前或拖后的时间
    E. 预测后期工程进度

11. 因变更需要重新绘制竣工图，下面关于重新绘制竣工图的说法正确的有( )。
    A. 由设计原因造成的，由设计单位负责重新绘制
    B. 由施工原因造成的，由施工单位负责重新绘制
    C. 由其他原因造成的，由设计单位负责重新绘制
    D. 由其他原因造成的，由建设单位或建设单位委托设计单位负责重新绘制
    E. 由其他原因造成的，由施工单位负责重新绘制

12. 工程造价比较分析的内容有( )。
    A. 主要实物工程量
    B. 主要材料消耗量
    C. 主要工程的质量
    D. 建设单位管理费、措施费取费标准
    E. 考核间接费总额是否超标

三、分析计算题

1. 某建设项目的进口设备购置费为 6 602.94 万元人民币，国产标准设备带备件的订货合同价为 9 500 万元人民币；非标准设备中的材料费、加工费、辅助材料费三项合计为 5 000 万元人民币，专用工具、废品损失、包装费三项的费率分别为 2%、2%、0.5%；外购配套件、税金、非标准设备设计费三项分别为 800 万元、350 万元、120 万元；非标准设备利润率为 10%。国产设备的运杂费费率为 3‰。该项目的工(器)具及生产家具购置费费率为 4%。

求：该建设项目总的设备及工(器)具购置费用。(16 分)

2. 某新建电气设备制造机厂，其建筑工程费为 12 000 万元、安装工程费为 500 万元、需安装设备费为 18 000 万元、建设单位管理费为 220 万元、土地使用费为 3 000 万元、勘察设计费为 100 万元，该厂组装车间的建筑工程费为 3 500 万元、安装工程费为 200 万元、需安装设备费为 5 000 万元。

求：该厂组装车间新增固定资产价值。(16 分)

3. 某六层住宅共 54 户，建筑面积为 3 949.62 m^2。原设计方案为砖混结构，现拟定的新设计方案为内浇外砌结构。新方案的做法、选材、建筑标准与原方案相同，两方案各项指标见表 7-7。

表 7-7　方案指标

设计方案	建筑面积/m^2	使用面积/m^2	概算总额/元
砖混结构	3 949.62	2 797.2	4 169 789
内浇外砌结构	3 949.62	2 881.98	4 300 342

求：

(1)两方案建筑面积、使用面积单方造价各为多少？两方案建筑面积、使用面积每平方米价差为多少？

(2)新方案每户平均增加使用面积多少平方米？多投入多少钱？

(3)若按使用面积 8 500 元/m^2 出售，两方案总价差为多少？

(4)若按建筑面积 7 000 元/m^2 出售，两方案折合为使用面积单方售价各为多少元？相差多少？(20 分)

试卷四

一、单项选择题(共 24 分，每题 1 分。每题选对得 1 分，选错、多选或不选均为 0 分)

1. 造价工程师的执业资格，是履行工程造价管理岗位职责与业务的(　　)。
   A. 专业资格　　　　　　　　B. 基本资格　　　　　　C. 职务资格　　　　　　D. 准入资格

2. 下列选项中不属于造价工程师权利的是(　　)。
   A. 使用造价工程师名称　　　　　　　　　　B. 自行确定收费标准
   C. 在所办的工程造价成果文件上签字　　　　D. 申请设立工程造价咨询单位

3. 土地使用权出让金是指建设项目通过(　　)支付的费用。
   A. 土地使用权出让方式，取得有限期的土地使用权
   B. 划拨方式，取得有限期的土地使用权
   C. 土地使用权出让方式，取得无限期的土地使用权
   D. 划拨方式，取得无限期的土地使用权

4. 某项目建设期静态投资为 1 500 万元，建设期为 2 年，第 2 年计划投资为 40%，年价格上涨率为 3%，则第 2 年的价差预备费是(　　)万元。
   A. 54　　　　　　　　　B. 18　　　　　　　　　C. 91.35　　　　　　　D. 36.54

5. 已知速动比率为 1，流动负债为 80 万元，存货为 120 万元，则流动比率为(　　)。
   A. 2.5　　　　　　　　　B. 1　　　　　　　　　　C. 1.5　　　　　　　　D. 2

6. 下列是反映清偿能力的指标的是(　　)。
   A. 投资回收期　　　　　B. 流动比率　　　　　C. 财务净现值　　　　D. 资本金利润率

7. 施工图预算审查的主要内容不包括(　　)。
   A. 审查工程量　　　　　　　　　　　　B. 审查预算单价套用
   C. 审查其他有关费用　　　　　　　　　D. 审查材料代用是否合理

8. 审查施工图预算的方法很多，其中全面、细致、质量高的审查方法是(　　)。
   A. 分组计算审查法　　　　　　　　　　B. 对比法
   C. 全面审查法　　　　　　　　　　　　D. 筛选法

9. 承包商按合同约定时间向监理工程师提交已完工程量报告，监理工程师接到报告后(　　)天内按设计图纸完成计量。
   A. 6　　　　　　　　　　B. 7　　　　　　　　　　C. 8　　　　　　　　　D. 9

10. 发包方收到承包商递交的竣工结算资料后(　　)天内核实，给予确认或者提出修改意见，承包商收到竣工结算款后(　　)天内将竣工工程交付发包方。
    A. 7、14　　　　　　　B. 14、7　　　　　　　C. 28、14　　　　　　D. 14、28

11. 关于保修责任承担问题的说法，下列不正确的是(　　)。
    A. 由于设计方面原因造成质量缺陷，由设计单位承担经济责任
    B. 由于建筑材料等原因造成缺陷的，由承包商承担责任
    C. 因使用不当造成损害的，使用单位负责
    D. 因不可抗力造成损失的，建设单位负责

12. 建设项目的"动用验收"是由（　　）按照规定向负责验收的单位提出申请报告。

　　A. 负责施工的承包商　　　　　　　　B. 负责工程监理的监理公司

　　C. 发包方或建设项目主管部门　　　　D. 动用验收委员会

13. 根据政府对造价工程师执业范围的规定，造价工程师（　　）。

　　A. 只能在一个单位执业　　　　　　　B. 可以同时在两个单位执业

　　C. 可以同时在三个单位执业　　　　　D. 可以同时在三个以上的单位执业

14. 工程造价咨询企业资质的有效期限为（　　）年。

　　A. 2　　　　　　　　B. 3　　　　　　　　C. 4　　　　　　　　D. 5

15. 建筑安装工程费中的税金是指（　　）。

　　A. 增值税、城市维护建设税和教育费附加

　　B. 增值税、城市维护建设税和固定资产投资方向调节税

　　C. 增值税、固定资产投资方向调节税和教育费附加

　　D. 增值税和教育费附加

16. 在批准的初步设计范围内，施工过程中难以预料的工程变更而增加的费用，在总概算中属于（　　）。

　　A. 基本预备费　　　　　　　　　　　B. 建筑安装工程费

　　C. 工程造价调整预备费　　　　　　　D. 其他直接费

17. 某建设项目计算期为 10 年，各年的净现金流量见表 7-8，该项目的行业基准收益率为 10%，则财净现值为（　　）万元。

表 7-8　各年的净现金流量

年　份	1	2	3	4	5	6	7	8	9	10
净现金流量/万元	−100	100	100	100	100	100	100	100	100	100

　　A. 476　　　　　　　B. 394.17　　　　　　C. 485.09　　　　　　D. 432.64

18. 税前利润中所说的"税"指的是（　　）。

　　A. 增值税　　　　　　　　　　　　　B. 所得税

　　C. 销售税　　　　　　　　　　　　　D. 价内税

19. 当设计图纸较简单，无法根据图纸计算出详细的实物工程量时，可采用（　　）编制建筑工程概算。

　　A. 概算定额法　　　　　　　　　　　B. 类似工程预算法

　　C. 朗格系数法　　　　　　　　　　　D. 概算指标法

20. 当初步设计深度不够，只有设备出厂价而无详细规格、质量时，可采用（　　）编制设备安装工程费概算。

　　A. 预算单价法　　　　　　　　　　　B. 扩大单价法

　　C. 设备价值百分比法　　　　　　　　D. 综合吨位指标法

21. 进行工程价款动态结算的目的是（　　）。

　　A. 把物价浮动因素纳入结算过程　　　B. 把工程量变化因素纳入结算过程

　　C. 把设计变更因素纳入结算过程　　　D. 把造价超资因素纳入结算过程

22. 关于工程项目构成的划分，下面说法不正确的是（　　）。

A. 建设项目所指的范围最广泛   B. 可以把砌墙看成一个分项工程

C. 一栋可以使用的住宅是一个单项工程   D. 单项工程是单位工程的组成部分

23. 单项工程正式验收需要按照合同和国家标准进行检查，下面不属于验收中检查的项目的是（   ）。

    A. 进度是否满足工期要求   B. 已完工程是否有漏项

    C. 隐蔽工程验收资料   D. 关键部位的施工记录

24. 建设项目全部施工完成后，在正式验收前需要进行预验收。不需要参加预验收的单位是（   ）。

    A. 监理单位   B. 设计单位   C. 承包单位   D. 贷款银行

二、多项选择题（共 24 分，每题 2 分。每题每选对 1 个选项得 0.5 分，全部选对得 2 分，选错、多选或不选均为 0 分）

1. 二级造价工程师职业资格考试实行全国统一大纲，各省、自治区、直辖市自主命题并组织实施的办法，每年不少于一次。二级造价工程师执业资格考试的科目有（   ）。

    A. 建设工程造价管理基础知识   B. 建设工程造价案例分析

    C. 建设工程技术与计量   D. 建设工程计量与计价实务

    E. 建设工程概预算

2. 二级造价工程师可以独立开展的具体工作有（   ）。

    A. 施工图预算的编制   B. 施工图预算的审核

    C. 工程造价纠纷的调解   D. 投标报价的编制

    E. 工程工料分析

3. 在我国建筑安装工程费的构成中，下列（   ）属于规费。

    A. 施工管理用财产保险费   B. 工会经费

    C. 工程保修费   D. 工程排污费

    E. 住房公积金

4. 下列（   ）属于建筑安装工程措施费的范围。

    A. 脚手架费   B. 临时设施费

    C. 二次搬运费   D. 大型机械现场安装后的试运转费

    E. 施工现场办公室的取暖费

5. 投资估算的用途不包括（   ）。

    A. 作为项目主管部门审批项目建议书的依据之一

    B. 作为甲乙双方结算的依据

    C. 作为项目投资决策的重要依据

    D. 作为签订施工合同的依据

    E. 作为项目建设单位制订贷款计划的依据

6. 运用朗格系数法进行投资估算时，需要对加工流程进行判断，朗格系数法中规定的流程为（   ）。

    A. 管理流程   B. 固体流程

    C. 流体流程   D. 生产流程

E. 固流流程

7. 审查设计概算常用的方法有（　　）。

    A. 单位估价法   B. 对比分析法

    C. 联合会审法   D. 总结归纳法

    E. 查询核实法

8. 在审查施工图预算时，（　　）应该进行审查。

    A. 工艺流程   B. 工程量

    C. 施工效果   D. 采用的定额或指标

    E. 材料预算价格

9. 关于工程进度款的结算，下面正确的选项有（　　）。

    A. 发包方应按照承包商的要求支付工程进度款

    B. 监理工程师可以不通知承包商自行进行工程量计量

    C. 因承包商原因造成返工的工程量监理工程师不予计量

    D. 承包商的索赔款应与工程进度款同期支付

    E. 在计量结果确认后 14 天内，发包方应向承包商支付工程进度款

10. 发包方在收到竣工结算报告及结算资料 56 天内仍不支付竣工结算款，承包商可以（　　），优先受偿。

    A. 扣压并拍卖发包方的固定资产   B. 拍卖发包方的车辆

    C. 与发包方协议将该工程折价   D. 申请法院将该工程拍卖

    E. 将竣工工程据为己有

11. 建设项目竣工投入使用后，所花费的总投资形成了相应的资产，按照规定需要计入新增资产。新增资产包括（　　）。

    A. 固定资产   B. 流动资产

    C. 债权资产   D. 无形资产

    E. 其他资产

12. 建设项目的竣工决算文件包括（　　）等方面的内容。

    A. 竣工工程进度表   B. 竣工财务决算说明书

    C. 竣工财务决算报表   D. 建设工程竣工图

    E. 工程造价比较分析

三、分析计算题

1. 某项目建设期为三年，建设期第一年贷款为 4 000 万元人民币、300 万美元；建设期第二年贷款为 6 000 万元人民币、200 万美元。贷款的人民币部分从中国建设银行获得，年利率为 4%；贷款的外汇部分从中国银行获得，年利率为 5%（每半年计息一次）。

    求：该项目建设期间贷款总利息。（16 分）

2. 某拟建项目建设期为 2 年，运营期为 10 年。项目计划总投资为 41 438.76 万元（其中自有资金 6 000 万元），据估算：该项目运营期间第一年的销售税金及附加为 360 万元，第二年及以后各年的销售税金及附加均为 510 万元；该项目总的毛利润（销售收入减去总成本）为 40 300 万元。由项目全部投资现金流量表显示的各年净现金流量见表 7-9。

表 7-9　各年净现金流量

项　目	建设期		运营期							
	1	2	3	4	5	6	7	8	9	10
净现金流量/万元	−14 807	−22 711	934	3 572	3 572	3 572	3 572	3 572	3 572	14 399

若行业基准收益率为 10%，求：

该项目的静态投资回收期、财务净现值、投资利税率、自有资金利润率，分析项目的可行性。（16 分）

3. 某工程合同估算工程量为 5 300 m³，单价 180/m³，工期为 6 个月。有关支付条款如下：

(1)开工前业主向承包商支付估算合同总价 20% 的预付工程款；

(2)业主自第一个月起从承包商的工程款中按 5% 的比例扣保修金；

(3)当累计实际工程量超过(或低于)估算工程量的 10% 时，可进行调价，调价系数为 0.9(或 1.1)；

(4)每月签发付款最低限额为 15 万元；

(5)预付工程款从乙方获得累计工程款超过估算合同价 30% 以后的下一个月起至第 5 个月均匀扣回。

承包商每月实际完成并经签证确认的工程量见表 7-10。

表 7-10　工程量

月　份	1	2	3	4	5	6
完成工程量/m³	800	1 000	1 200	1 200	1 200	500

求：

(1)估算合同总价为多少？

(2)预付款为多少？预付款从哪个月起扣？每月应扣预付款多少？

(3)每月工程量价款为多少？应签证的工程款为多少？应签发的付款凭证金额为多少？（20 分）

试卷五

一、单项选择题(共 24 分，每题 1 分。每题选对得 1 分，选错、多选或不选均为 0 分)

1. 工程造价咨询企业从事业务时，应当按照规定出具工程造价成果文件。工程造价成果文件应当(   )。

    A. 加盖企业的执业印章

    B. 加盖注册造价工程师的执业印章

    C. 加盖企业和注册造价工程师的执业印章

    D. 由执行咨询业务的注册造价工程师签字并加盖其执业印章和企业的执业印章

2. 以欺骗、贿赂等不正当手段取得工程造价咨询企业资质的，由(   )住房城乡建设主管部门或者有关专业部门给予警告，并处以 1 万元以上 3 万元以下的罚款。

    A. 县级以上地方人民政府   B. 市级以上地方人民政府

    C. 省级以上地方人民政府   D. 国务院

3. 某个新建项目，建设期为 4 年，分年均衡进行贷款，第一年贷款为 400 万元，第二年贷款为 500 万元，第三年贷款为 400 万元，贷款年利率为 10%，按年计息。建设期内利息只计息不支付，则建设期贷款利息为(   )万元。

    A. 118.7   B. 356.27

    C. 521.897   D. 435.14

4. 某进口设备 FOB 价为人民币 1 200 万元，国际运费为 72 万元，国际运输保险费用为 4.47 万元，关税为 217 万元，银行财务费为 6 万元，外贸手续费为 19.15 万元，增值税为 253.89 万元，消费税税率为 5%，则该设备的消费税为(   )万元。

    A. 78.60   B. 74.67

    C. 79.93   D. 93.29

5. 下列说法中正确的是(   )。

    A. 项目建议书阶段投资估算的精度比可行性研究阶段投资估算的精度高

    B. 建筑安装工程费属于固定资产的动态投资

    C. 对项目进行的社会效益评价通常被称为国民经济评价

    D. 我国大城市投资建设的地铁工程往往更侧重于项目本身所产生的经济效益

6. 某房地产公司拟在 A 市开发一处居民住宅楼盘，该公司可采用(   )对其开发的楼盘进行投资估算。

    A. 生产能力指数法   B. 单位建筑面积估算法

    C. 设备系数法   D. 朗格系数法

7. 下列说法中不正确的是(   )。

    A. 总概算表应反映静态投资和动态投资两部分

    B. 设计概算采用的各种编制依据必须经过国家和授权机关的批准

    C. 设计概算的审查必须由政府主管部门进行

    D. 单项工程概算文件必须有编制说明

8. 通过审查设计概算将有助于（　　　）。

    A. 加快概算的编制速度   B. 提高概算的编制质量

    C. 保障工程的建设质量   D. 保证概算的透明程度

9. 投资控制香蕉曲线是（　　　）形成的。

    A. 根据网络图中的关键工作、非关键工作

    B. 根据网络图中关键工作的最早、最迟开始时间

    C. 根据网络图中非关键工作的最早、最迟开始时间

    D. 根据网络图中的时差

10. 某工程的投资偏差为－50 万元，进度偏差为 2 周，这表明该工程的（　　　）。

    A. 投资增加，进度拖延   B. 投资增加，进度提前

    C. 投资减少，进度拖延   D. 投资减少，进度提前

11. 竣工决算是项目竣工后，由（　　　）编制的综合反映项目从筹建起到竣工交付使用止的全部建设费用、建设成果和财务情况的总结性文件。

    A. 施工单位   B. 建设单位

    C. 监理单位   D. 工程造价咨询单位

12. 建设项目完工可投入使用或者试运行合格后，应当在（　　　）个月内编报竣工财务决算。

    A. 1   B. 2   C. 3   D. 6

13. 张某报考一级造价工程师，按规定需要参加四门课的考试。张某在 2015 年考试通过了建设工程技术与计量课，2016 年又通过了建设工程造价管理与建设工程计价课，2017、2018 两年因故未考，若 2019 年张某想继续参加考试的话，他应该参加考试的课程是（　　　）。

    A. 建设工程造价案例分析

    B. 建设工程计价

    C. 建设工程造价案例分析与建设工程技术与计量

    D. 建设工程计价与建设工程造价案例分析

14. 修改经注册造价工程师签字、盖章的工程造价文件，（　　　）。

    A. 必须由该注册造价工程师进行

    B. 必须由该注册造价工程师委托的人进行

    C. 可以由其他注册造价工程师修改并签字、加盖执业专用章，但修改人需对修改部分承担责任

    D. 可以由其他注册造价工程师修改并签字、加盖执业专用章，但修改人需对修改后的工程造价文件承担责任

15. 材料、工程设备自来源地运至工地仓库或指定堆放地点所发生的全部费用在材料费中被称为（　　　）。

    A. 运输损耗费   B. 采购及保管费   C. 运输装卸   D. 运杂费

16. 工程施工中所需的仪器仪表使用费属于（　　　）。

    A. 材料费   B. 施工机具使用费   C. 规费   D. 企业管理费

17. 采用分项详细估算法估算流动资金时，下面的表达式正确的是（   ）。

    A. 流动资产＝现金＋应收账款＋存货

    B. 流动资金＝应付账款＋预收账款

    C. 流动资产＝现金＋应付账款＋存货

    D. 流动资产＝应收账款＋预付账款

18. 对拟建项目进行财务评价，实际上是在算拟建项目的（   ）。

    A. 经济效益账   B. 社会效益账

    C. 社会与经济效益账   D. 政府管理效益账

19. 施工图预算审查的内容不包括（   ）。

    A. 对工程量的审查   B. 对设备材料预算价格的审查

    C. 对施工管理人员的审查   D. 对预算单价套用的审查

20. 施工图预算可以采用（   ）进行编制。

    A. 生产能力指数法   B. 单位建筑面积法

    C. 类似工程预算法   D. 综合单价法

21. 拟完工程计划投资是指（   ）。

    A. 计划进度下的计划投资   B. 计划进度下的实际投资

    C. 实际进度下的计划投资   D. 实际进度下的实际投资

22. 在投资控制中，明确各级投资控制人员的任务、职能分工、权利和责任，改善投资控制的工作流程，属于投资控制的（   ）。

    A. 经济措施   B. 合同措施   C. 组织措施   D. 技术措施

23. 建设工程竣工图是真实记录各种地上、地下建筑物和构筑物情况的技术文件，是国家的重要技术档案。凡按图竣工没有变动的，由（   ）在原施工图加盖"竣工图"标志作为竣工图。

    A. 发包方   B. 承包商   C. 设计单位   D. 监理公司

24. （   ）建成经有关部门验收鉴定合格，正式移交生产或使用即应计算新增固定资产价值。

    A. 分部工程   B. 单位工程   C. 单项工程   D. 建设项目

二、多项选择题(共 24 分，每题 2 分。每题每选对 1 个选项得 0.5 分，全部选对得 2 分，选错、多选或不选均为 0 分)

1. 在下列各项中，属于造价工程师权利范围的有（   ）。

    A. 允许他人以本人名义执业   B. 在工程造价成果文件上签字

    C. 使用造价工程师名称   D. 依法申请开办工程造价咨询单位

    E. 申请豁免继续教育的权利

2. 造价工程师应履行的义务包括（   ）。

    A. 遵守法律法规，恪守职业道德

    B. 接受继续教育，提高业务技术水平

    C. 负责向工程施工人员传授有关工程造价管理方面的业务知识

    D. 不得出借注册证书或专用章

    E. 提供工程造价资料

3. 我国现行建筑安装工程费用项目按造价形成划分可分为分部分项工程费和(　　)。

　　A. 措施项目费　　　　　　　　　　B. 规费

　　C. 其他项目费　　　　　　　　　　D. 施工机具使用费

　　E. 税金

4. 我国现行建筑安装工程费用项目按费用构成要素划分可分为人工费、材料(包含工程设备)费、施工机具使用费和(　　)。

　　A. 利润　　　　　　　　　　　　　B. 规费

　　C. 措施项目费　　　　　　　　　　D. 企业管理费

　　E. 税金

5. 关于拟建项目的投资回收期,下面说法正确的有(　　)。

　　A. 静态回收期一定小于动态回收期　　　B. 动态回收期≥0 拟建项目可行

　　C. 静态回收期一定大于动态回收期　　　D. 动态回收期≤0 拟建项目可行

　　E. 计算出的投资回收期<投资者期望的回收期拟建项目可行

6. 在下列的各项表述中,正确的有(　　)。

　　A. 资产负债率越小越好

　　B. 速动比率越小越好

　　C. 流动比率越大表明企业偿还短期债务的能力越强

　　D. 速动比率等于速动资产比速动负债

　　E. 速动资产等于流动资产减存货

7. 进行施工图预算审查时,需要做好的工作有(　　)。

　　A. 与设计人员进行充分的沟通　　　　B. 提前熟悉施工图纸

　　C. 了解预算包括的范围　　　　　　　D. 掌握施工企业的资质等级

　　E. 弄清楚预算采用的单位估价表

8. 单位工程概算可分为建筑工程概算和设备及安装工程概算两大类,下列(　　)属于建筑工程概算。

　　A. 给水排水工程概算　　　　　　　B. 电气工程概算

　　C. 生产家具购置费概算　　　　　　D. 特殊构筑物工程概算

　　E. 热力设备及安装工程概算

9. 偏差分析的目的是要找出工程实施中的偏差是多少,常用的偏差分析方法有(　　)。

　　A. 横道图分析法　　　　　　　　　B. 综合分析法

　　C. 时标网络图法　　　　　　　　　D. 工期检验法

　　E. S形曲线法

10. 偏差产生的原因有(　　)。

　　A. 客观原因　　　　　　　　　　　B. 业主原因

　　C. 设计原因　　　　　　　　　　　D. 施工原因

　　E. 统计原因

11. 按照国务院《建设工程质量管理条例》第四十条的规定,下面正确的保修期限选项是(　　)。

　　A. 房屋建筑的主体结构工程为设计文件规定的该工程合理使用年限

B. 屋面防水工程的防渗漏为 5 年

C. 有防水要求卫生间的防渗漏为 3 年

D. 电气管线、给水排水管道为 2 年

E. 装修工程为 1 年

12. 关于建设工程的缺陷责任期与保修期，下列说法正确的有（　　）。

A. 缺陷责任期实际上就是保修期，二者无区别

B. 缺陷责任期的期限长短执行《建设工程质量管理条例》的规定

C. 保修期的期限长短执行《建设工程质量管理条例》的规定

D. 缺陷责任期一般为 1 年，最长不超过 2 年

E. 缺陷责任期为设计文件规定的该工程的合理使用年限

三、分析计算题

1. 某项目建设期为三年，在开工前一年估算出的设备及工（器）具购置费为 24 104.84 万元人民币，建筑与安装工程费为 3 500 万元人民币，工程建设其他费为 2 000 万元人民币。项目计划第一年投入静态资金总量的 20%，第二年投入 50%，第三年投入 30%。若该项目的基本预备费费率为 5%，价差预备费费率为 2%。

求：项目的预备费。（16 分）

2. 某建设项目所需设备分为进口设备与国产设备两部分。

进口设备重为 1 500 t，其装运港船上交货价为 800 万美元，海运费为 500 美元/t，海运保险费和银行手续费分别为货价的 3‰ 和 4‰，外贸手续费费率为 1.5%，增值税税率为 17%，关税税率为 20%，美元对人民币汇率为 1∶8.4。设备从到货口岸至安装现场距离为 700 千米，运输费为 1.5 元人民币/(t·km)，装卸费为 80 元人民币/t，国内运输保险费费率为抵岸价的 1.2‰，设备的现场保管费费率为抵岸价的 2‰。

国产设备均为标准设备，其带有备件的订货合同价为 8 800 万元人民币。国产标准设备的设备运杂费费率为 3%。该项目的工（器）具及生产家具购置费费率为 4%。

求：该项目的设备及工（器）具购置费用。（16 分）

3. 某工程施工为包工包全部材料、固定总价合同。工程招标文件参考资料中提供的运砂地点距工地 4 km，但开工后，检查该砂不符合要求，承包商只得从另一距离工地 20 km 供砂点采购，而在一个关键工作面上又发生了几种原因造成暂时停工：5 月 20 日至 5 月 26 日承包商的施工设备发生从未出现的故障；应于 5 月 24 日交给承包商的后续图纸直到 6 月 10 日才交给承包商；6 月 7 日到 6 月 12 日工地下了该季节罕见的大暴雨，造成了 6 月 11 日到 6 月 14 日的该地区供电全面中断。

问题：

(1)由于供砂距离的增大，必然引起费用的增加，承包商经过仔细计算后，在业主指令下达的第 3 天，向造价工程师提交了将原用砂单价每吨提高 5 元人民币的索赔要求。作为一名造价工程师，应批准该索赔要求吗？为什么？

(2)由于几种情况的暂时停工，承包商在 6 月 15 日向业主的造价工程师提交了延长工期 25 天，成本损失费人民币 2 万元/天（此费率已经造价工程师批准）和利润损失费人民币 2 000 元/天的索赔要求，共计索赔人民币 57.2 万元。

1)作为一名造价工程师，应批准索赔款多少万元？为什么？

175

2)作为一名造价工程师，您认为会在业主给承包商工程款的支付中扣除竣工拖期违约损失赔偿金吗？为什么？

(3)索赔成立的条件是什么？

(4)若承包商对因业主原因造成的窝工损失，要求设备窝工按台班计算，人工窝工按日计价是否合理？如不合理应怎样计算？（20分）

参考答案

试卷一　　　　试卷二　　　　试卷三　　　　试卷四　　　　试卷五

参考文献

［1］夏清东．工程造价——计价、控制与案例［M］．2 版．北京：中国建筑工业出版社，2014．

［2］全国造价工程师执业资格考试培训教材编审委员会．建设工程计价［M］．北京：中国计划出版社，2017．

［3］全国造价工程师执业资格考试培训教材编审委员会．建设工程造价案例分析［M］．北京：中国城市出版社，2017．